CONTEÚDO DIGITAL PARA ALUNOS
Cadastre-se e transforme seus estudos em uma experiência única de aprendizado:

Entre na página de cadastro:
www.editoradobrasil.com.br/sistemas/cadastro

Além dos seus dados pessoais e dos dados de sua escola, adicione ao cadastro o código do aluno, que garantirá a exclusividade do seu ingresso à plataforma.

1054837A6282093

Depois, acesse:
www.editoradobrasil.com.br/leb
e navegue pelos conteúdos digitais de sua coleção :D

Lembre-se de que esse código, pessoal e intransferível, é valido por um ano. Guarde-o com cuidado, pois é a única maneira de você acessar os conteúdos da plataforma.

CB037110

Editora do Brasil

Raciocínio e Cálculo Mental

7
Ensino Fundamental
Anos Finais

1ª edição
São Paulo, 2022

Dados Internacionais de Catalogação na Publicação (CIP)
(Câmara Brasileira do Livro, SP, Brasil)

Dante, Luiz Roberto
  Raciocínio e cálculo mental 7 : ensino fundamental : anos finais / Luiz Roberto Dante. -- 1. ed. -- São Paulo : Editora do Brasil, 2022. -- (Raciocínio e cálculo mental)

  ISBN 978-85-10-09289-0 (aluno)
  ISBN 978-85-10-09290-6 (professor)

  1. Atividades e exercícios (Ensino fundamental) 2. Matemática (Ensino fundamental) 3. Raciocínio e lógica I. Título II. Série.

22-116825   CDD-372.7

Índices para catálogo sistemático:

1. Matemática : Ensino fundamental   372.7
Cibele Maria Dias - Bibliotecária - CRB-8/9427

© Editora do Brasil S.A., 2022
Todos os direitos reservados

Direção-geral: Vicente Tortamano Avanso

Diretoria editorial: Felipe Ramos Poletti
Gerência editorial de conteúdo didático: Erika Caldin
Gerência editorial de produção e design: Ulisses Pires
Supervisão de design: Andre Melo
Supervisão de arte: Abdonildo José de Lima Santos
Supervisão de revisão: Elaine Cristina da Silva
Supervisão de iconografia: Léo Burgos
Supervisão de digital: Priscila Hernandez
Supervisão de controle de processos editoriais: Roseli Said
Supervisão de direitos autorais: Marilisa Bertolone Mendes

Supervisão editorial: Everton José Luciano
Consultoria técnica: Clodoaldo Pereira Leite
Edição: Paulo Roberto de Jesus Silva e Viviane Ribeiro
Assistência editorial: Rodrigo Cosmo dos Santos
Revisão: Amanda Cabral, Andréia Andrade, Bianca Oliveira, Fernanda Sanchez, Gabriel Ornelas, Giovana Sanches, Jonathan Busato, Júlia Castello Branco, Luiza Luchini, Maisa Akazawa, Mariana Paixão, Martin Gonçalves, Rita Costa, Rosani Andreani e Sandra Fernandes.
Projeto gráfico: Rafael Vianna e Talita Lima
Capa: Talita Lima
Edição de arte: Daniel Souza e Mario Junior
Ilustrações: DAE (Departamento de Arte e Editoração), Dayane Raven e Tabata Nascimento
Editoração eletrônica: Estação das Teclas
Licenciamentos de textos: Cinthya Utiyama, Jennifer Xavier, Paula Harue Tozaki e Renata Garbellini
Controle de processos editoriais: Bruna Alves, Julia do Nascimento, Rita Poliane, Terezinha de Fátima Oliveira e Valeria Alves

1ª edição / 1ª impressão, 2022
Impresso na Hawaii Gráfica e Editora.

Rua Conselheiro Nébias, 887
São Paulo/SP – CEP 01203-001
Fone: +55 11 3226-0211

www.editoradobrasil.com.br

APRESENTAÇÃO

Raciocínio e cálculo mental são ferramentas que desafiam a curiosidade, estimulam a criatividade e nos ajudam na hora de resolver problemas e enfrentar situações desafiadoras.

Nesta coleção, apresentamos atividades que farão você perceber regularidades ou padrões, analisar informações, tomar decisões e resolver problemas. Essas atividades envolvem números e operações, geometria, grandezas e medidas, estatística, sequências, entre outros assuntos.

Esperamos contribuir para sua formação como cidadão atuante na sociedade.

Bons estudos!

O autor

CONHEÇA SEU LIVRO

DEDUÇÕES LÓGICAS: VAMOS FAZER?

Esta seção convida o estudante a resolver atividades de lógica.

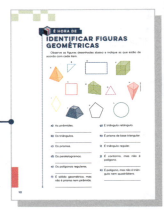

É HORA DE...

Esta seção estimula o estudante a resolver, completar e elaborar diversos problemas e operações matemáticos.

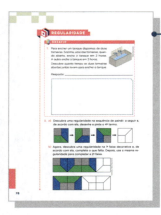

REGULARIDADES

Esta seção convida os estudantes a resolver diversas atividades que abordam a regularidade de uma sequência.

ATIVIDADES

Seção que propõe diferentes atividades e situações-problema para você resolver desenvolvendo os conceitos abordados.

CÁLCULO MENTAL

Esta seção convida o estudante a resolver mentalmente diversas atividades.

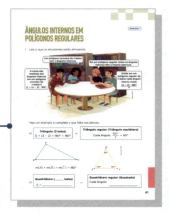

CONTEÚDO E ATIVIDADES DIVERSAS

O conteúdo é apresentado como revisão e convida o estudante a resolver diversas atividades sobre o assunto estudado.

ÍCONES

 EM DUPLA   EM GRUPO  CALCULADORA   CÁLCULO MENTAL   DIGITAL   DESAFIO

SUMÁRIO

DEDUÇÕES LÓGICAS: ORGANIZANDO COMBINAÇÕES ..8

É HORA DE CONSTRUIR SEQUÊNCIAS 9

É HORA DE IDENTIFICAR FIGURAS GEOMÉTRICAS 10

POSSIBILIDADES: NAS FICHAS DE UM JOGO 11

Esferas nas balanças 12

CÁLCULO MENTAL: AS TABELAS MÁGICAS 14

Múltiplos, divisores e números primos ...15

Lojas com promoções 16

CÁLCULO MENTAL: ONDE ESTÁ O TESOURO 18

REGULARIDADE: DESCUBRA E COMPLETE 19

CÁLCULO MENTAL: DADOS, PESQUISAS E CORES 20

POSSIBILIDADES 21

REGULARIDADE: A POTENCIAÇÃO NA SEQUÊNCIA DOS NÚMEROS NATURAIS ÍMPARES 23

Figuras no plano cartesiano 25

Caçada aos intervalos de tempo iguais ...27

Verdadeiro ou falso? 28

Fração: ideias e aplicações 29

A fração, o valor total e o resultado.......30

Simetrias de translação, reflexão e rotação 32

CÁLCULO MENTAL: O CORRETO E O INCORRETO 34

Cada número no seu lugar 35

DESAFIO 36

Números inteiros: localização na reta e comparação 37

CÁLCULO MENTAL: OPERAÇÕES COM NÚMEROS INTEIROS 38

É HORA DE RESOLVER PROBLEMAS! 39

A busca dos tipos de ângulo 41

DESAFIO 42

Simetria de reflexão no plano cartesiano 43

Estimativas e verificações 44

REGULARIDADE: FRAÇÕES UNITÁRIAS 46

Existência de triângulos 47

Mais operações com números inteiros 48

Gráficos para indicar quantia repartida ..49

É HORA DE RESOLVER PROBLEMAS! 50

Circunferências 52

Painéis com círculos e partes do círculo 53

CÁLCULO MENTAL: PORCENTAGEM DE NÚMERO OU FIGURA: COMO CALCULAR? .54

Expressões algébricas: São equivalentes ou não? 55

Sequências com expressões algébricas e com seus valores numéricos 56

O jogo dos quadriláteros: Quem venceu? 57

É HORA DE ELABORAR E RESOLVER PROBLEMAS 58

Soma das medidas dos ângulos internos em polígonos convexos 59

Qual é? 60

Ângulos internos em polígonos regulares 61

Ângulos em faixas decorativas 63

As frações unitárias e as porcentagens correspondentes 64

Estatística e porcentagem 65

DESAFIO 66

Porcentagem: Vamos aplicar? 67

É HORA DE RESOLVER PROBLEMAS! 68

Dominó, triminós, tetraminós e pentaminós 70

É HORA DE ANALISAR RESULTADOS DE PESQUISA 71

Probabilidades 73

Identificação de medidas de área com as figuras 74

Números, expressões algébricas e equações 75

É HORA DE CONSTRUIR FIGURAS 76

Comparação de medidas de perímetro e de área 77

REGULARIDADE: DESAFIO 78

DESAFIO: PENTAMINÓS 79

Medida de volume 80

Registros em tabela e gráficos 82

Composição de regiões planas e medidas de área 84

CÁLCULO MENTAL: NÃO EXISTE, EXISTE SÓ UM OU EXISTE MAIS DE UM? 85

Translações e reflexões.............................86

2, 3 ou 4 quadrinhos 87

DEDUÇÕES LÓGICAS: VAMOS FAZER? 88

É HORA DE ELABORAR E RESOLVER PROBLEMAS! 89

Rotação em faixas decorativas 90

Diagramas de palavras e números 91

Comparação de números em sólidos geométricos 92

Observer e registrar.................................93

Média aritmética 94

DESAFIO: O QUADRO COM NÚMEROS RACIONAIS....................95

Reprodução de painéis e simetria axial...96

Existe ou não existe? 97

Procurar e indicar 99

É HORA DE ELABORAR E RESOLVER PROBLEMAS! 100

Comparações: diferenças e analogias... 101

DESAFIO: "POLÍGONOS NUMÉRICOS" 102

Analisar e justificar 103

Quadrados mágicos................................104

REGULARIDADE: UMA SEQUÊNCIA E VÁRIAS REGULARIDADES 105

Códigos: decifrar e aplicar....................106

DESAFIO: AS PEÇAS DO TANGRAM 107

DEDUÇÕES LÓGICAS: VAMOS FAZER? 108

GABARITO 109

REFERÊNCIAS 111

DEDUÇÕES LÓGICAS

ORGANIZANDO COMBINAÇÕES

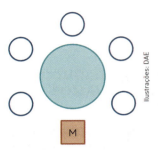

1. Observe os espaços vazios na figura ao lado. Há duas possibilidades de colocar as fichas com letras nas lacunas, de modo que:
   - a amarela seja vizinha da marrom;
   - a cinza fique de frente para a marrom;
   - a verde fique entre a marrom e a laranja.

   Indique as duas possibilidades, pintando as fichas.

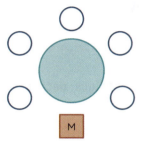
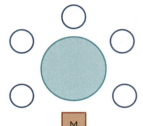

2. Pedro, Lauro e Nino querem atravessar um rio de barco, indo de uma margem para a outra. Cada um pesa 75 kg, 80 kg e 90 kg, respectivamente. Todos sabem remar, mas o barco suporta, no máximo, 160 kg. Como eles devem fazer para realizar a travessia? Registre a seguir.

_____
_____
_____
_____
_____
_____
_____

É HORA DE
CONSTRUIR SEQUÊNCIAS

Rafael usou estes 15 números e formou três sequências com eles.

30	54	112	18	224
230	56	6	80	28
2	162	130	14	180

Faça como Rafael e construa as sequências, de acordo com o indicado.

a) Sequência na qual, a partir do 2º termo, cada termo é o dobro do anterior.

☐ , ☐ , ☐ , ☐ e ☐

b) Sequência na qual, a partir do 2º termo, cada termo é 50 a mais do que o anterior.

☐ , ☐ , ☐ , ☐ e ☐

c) Sequência formada com os 5 números que sobraram, escritos na ordem decrescente.

☐ , ☐ , ☐ , ☐ e ☐

Agora, descreva uma regularidade nesta sequência.

_____
_____
_____
_____
_____

É HORA DE
IDENTIFICAR FIGURAS GEOMÉTRICAS

Observe as figuras desenhadas abaixo e indique as que estão de acordo com cada item.

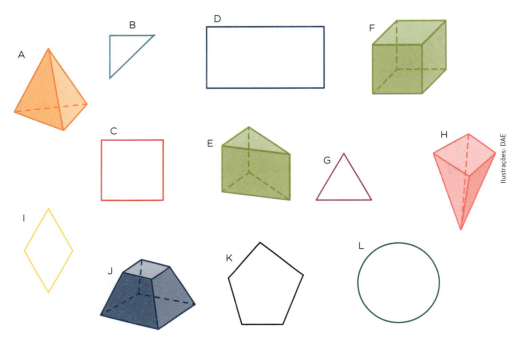

a) As pirâmides.
_____

b) Os triângulos.
_____

c) Os prismas.
_____

d) Os paralelogramos.
_____

e) Os polígonos regulares.
_____

f) É sólido geométrico, mas não é prisma nem pirâmide.
_____

g) É triângulo retângulo.
_____

h) É prisma de base triangular.
_____

i) É triângulo regular.
_____

j) É contorno, mas não é polígono.
_____

k) É polígono, mas não é triângulo nem quadrilátero.
_____

POSSIBILIDADES
NAS FICHAS DE UM JOGO

1. Escreva todas as subtrações possíveis com resultado 8 usando sempre dois números das fichas a seguir. A primeira delas já está feita.

   | 15 | 12 | 7 | 5 | 4 | 23 | 28 | 20 | 11 | 19 |

   23 − 15 = 8   ☐ − ☐ = 8   ☐ − ☐ = 8

   ☐ − ☐ = 8   ☐ − ☐ = 8   ☐ − ☐ = 8

2. Coloque os números 1, 3, 6 e 10 nos vértices de um quadrado, de modo que a soma de números vizinhos seja ímpar e a soma de não vizinhos seja par. Desenhe todas as possibilidades. A primeira delas já está feita.

   ```
   1 ┌─┐ 6
     │ │
   10└─┘ 3
   ```

3. Coloque os números 1, 3 e 5 nos quadradinhos, de todas as formas possíveis, na expressão ☐ ^☐ − ☐ , e calcule o valor de cada expressão obtida. Observe o exemplo:

   $1^3 - 5 = 1 - 5 = -4$

   ☐^☐ − ☐ = ☐ − ☐ = ☐

   ☐^☐ − ☐ = ☐ − ☐ = ☐

   ☐^☐ − ☐ = ☐ − ☐ = ☐

   ☐^☐ − ☐ = ☐ − ☐ = ☐

   ☐^☐ − ☐ = ☐ − ☐ = ☐

EF07MA29

ESFERAS NAS BALANÇAS

Observe as quatro balanças a seguir.

Em cada uma delas há pesagens das mesmas três esferas, cada uma com cores e massas diferentes. Nas três primeiras balanças pesamos as esferas duas de cada vez. Calcule, descubra e registre na quarta balança o peso das três esferas juntas.

Agora, calcule a massa de cada esfera e registre:

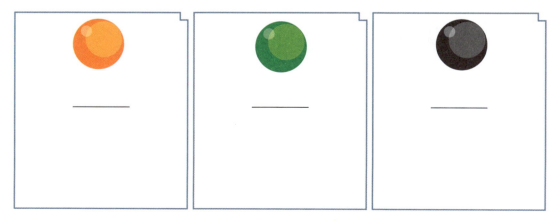

- Registre nos espaços vazios das balanças o valor da medição.

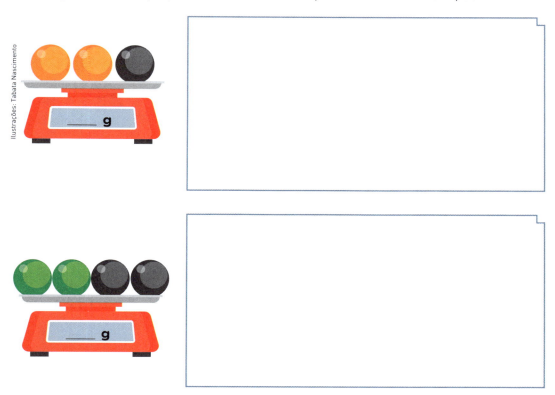

- Desenhe nos pratos das balanças a seguir as esferas que, juntas, somam o peso mostrado.

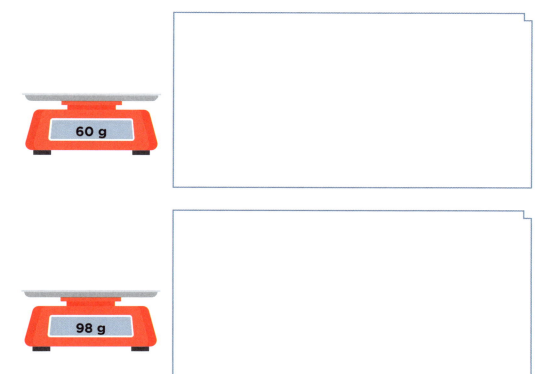

CÁLCULO MENTAL

AS TABELAS MÁGICAS

1. Preencha os quadros a seguir com os números **1**, **2**, **3** e **4**, de forma que eles apareçam uma única vez em todas as linhas e em todas as colunas do quadro maior  e nos quatro espaços dos quadros menores.

	3		
	4		1
		4	2

1			4
4			
2			1

2. Faça o mesmo com os números de **1** a **9** no quadro a seguir.

5								1
	9		1		4	2	3	
				3	5	4	8	
	6	9		2		3	1	
	8		6		3		2	
2		3		4		5	9	
	4	6	7	1				
	2	1	4		9			3
								2

MÚLTIPLOS, DIVISORES E NÚMEROS PRIMOS

EF07MA01

1. Escreva os números naturais indicados.

   a) Múltiplos de 20 → ☐, ☐, ☐, ☐, ☐ ...

   b) Divisores de 20 → ☐, ☐, ☐, ☐, ☐ e ☐.

   c) Números primos menores do que 10 → ☐, ☐, ☐ e ☐.

   d) Múltiplos comuns de 10 e 12 → ☐, ☐, ☐ e ☐.

   e) Divisores comuns de 10 e 12 → ☐ e ☐.

   f) Menor múltiplo comum de 18 e 30, diferente de zero → → mmc(18, 30) = ☐.

   g) Maior divisor comum de 18 e 30 → mdc(18, 30) = ☐.

2. Em cada item, use os números que completam corretamente as afirmações.

   a) [8] [9] [18]

   _____ é múltiplo de _____

   _____ é divisor de _____

   b) [672] [21] [11]

   _____ é divisor de _____

   _____ é múltiplo de _____

   c) [4] [36] [7]

   _____ é múltiplo de 12

   _____ é divisor de 14

   d) [12] [15] [28]

   _____ não é múltiplo de 4

   _____ não é divisor de 60

   e) [4] [13] [17]

   _____ é divisor de 208 e é número primo

   f) [49] [81] [27]

   162 é múltiplo de _____

EF07MA12

LOJAS COM PROMOÇÕES

Loja Alegria

Veja no quadro a seguir a promoção que foi feita.

TUDO COM R$ 100,00 DE ENTRADA E 5 PRESTAÇÕES IGUAIS

Tabata Nascimento

↖↗ As imagens
↙↘ desta página não estão representadas em proporção.

a) Pinte o quadro com a expressão algébrica que indica o preço total a ser pago por um produto, sendo **P** o valor de cada prestação.

| 105 + **P** | **P** + 500 | 5**P** + 100 | $\dfrac{100 + P}{5}$ |

b) Seu Joaquim comprou um fogão nessa promoção e vai pagar prestações de R$ 250,00 cada. Qual será o preço total a ser pago pelo fogão?

Resposta: _____.

Fogão.

c) Dona Emília vai comprar uma geladeira e o preço total a pagar será R$ 2.730,00. Qual será o valor de cada prestação?

Resposta: _____.

Geladeira.

Ilustrações: Dayane Raven

Loja Alto Astral

As imagens desta página não estão representadas em proporção.

Nesta loja, temos a promoção ao lado:

TUDO COM R$ 150,00 DE ENTRADA E PRESTAÇÕES IGUAIS DE R$ 90,00

a) Escreva uma expressão algébrica que indique o preço total a ser pago por um produto, sendo n o número de prestações.

___

b) Se um cliente comprar uma TV de R$ 1.230,00 nessa promoção, qual será o número de prestações?

___

c) Pedro comprou um ventilador e vai pagar, nessa promoção, em 6 prestações. Qual é o preço total a ser pago pelo ventilador?

___

17

CÁLCULO MENTAL

ONDE ESTÁ O TESOURO

Percorra o caminho para a pirata chegar ao lugar onde o baú está.

Mas, **preste atenção**: no percurso, a pirata só pode passar por expressões numéricas de mesmo valor. Pinte o caminho e assinale o baú com o tesouro.

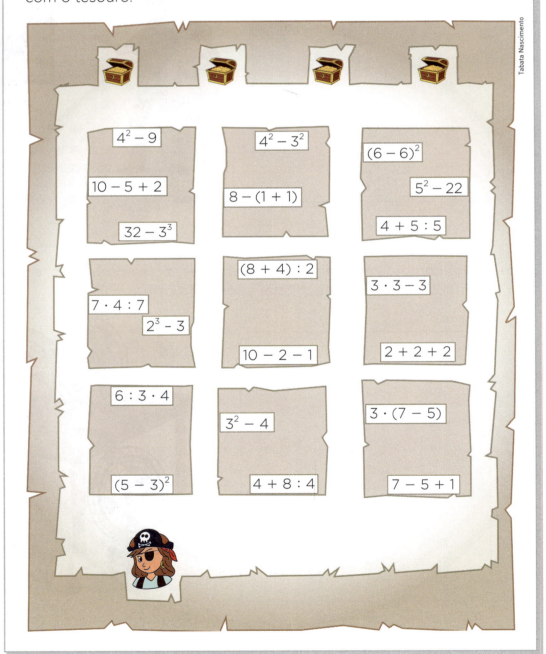

REGULARIDADE
DESCUBRA E COMPLETE

1. Observe o quadro e complete os espaços vazios.

2. Analise as três primeiras linhas e complete as outras duas.

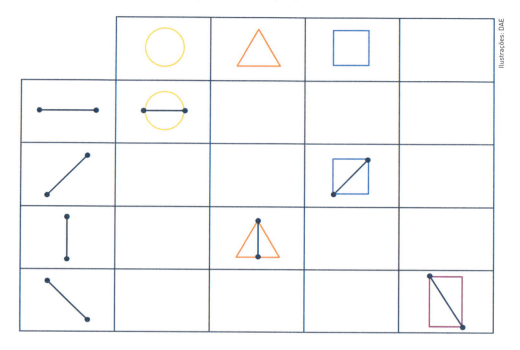

19

EF07MA37

CÁLCULO MENTAL

DADOS, PESQUISAS E CORES

Nas classes do 7º ano da escola de Pedrinho foi feita uma pesquisa de opinião com esta pergunta:

Qual é sua cor favorita entre , , e ?

Os resultados da pesquisa, em cada classe, foram registrados em um gráfico de setores. Veja o número total de estudantes em cada classe e escreva o número de votos recebidos por cada cor.

Agora, indique a classe correspondente a cada afirmação.

a) Verde foi a cor mais votada no 7º _____.

b) Vermelho teve menos do que 7 votos no 7º _____.

c) Verde e amarelo tiveram o mesmo número de votos no 7º
_____.

d) Vermelho teve $\frac{1}{3}$ dos votos da classe no 7º _____.

e) Azul teve 50% dos votos da classe no 7º _____.

f) Azul teve 50% dos votos do verde no 7º _____:

g) Amarelo teve menos votos que o verde no 7º _____.

20

POSSIBILIDADES

1. **Simetria em regiões planas**

    Há 4 possibilidades de traçar um segmento de reta e dividir a região plana verde em duas regiões de mesma forma e tamanho. Mostre quais são, traçando cada segmento em uma figura. Depois, assinale com um **X** as regiões nas quais as duas partes são simétricas em relação ao segmento traçado.

    a) c)

    b) d)

    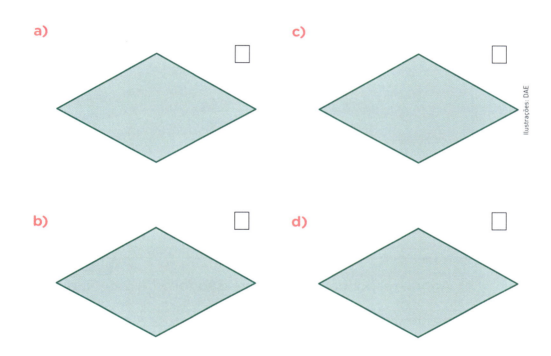

    Agora, responda: e se a região plana for esta, de cor azul, desenhada a seguir, quantas são as possibilidades de se fazer o mesmo que na região verde acima?

    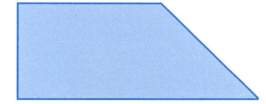

2. Valor numérico de expressões algébricas

Há dois números inteiros entre -4 e $+4$ que, colocados no lugar de x, tornam o valor numérico da expressão algébrica $x^2 - x - 6$ igual a zero.

a) Quais são os números? _____

b) Agora, responda: e se a expressão for $x^2 - 2x - 1$, quantos são os números? _____

REGULARIDADE

A POTENCIAÇÃO NA SEQUÊNCIA DOS NÚMEROS NATURAIS ÍMPARES

EF07MA12

1. Complete a sequência a seguir:

   | Números naturais **ímpares** | 1 | , | 3 | , | 5 | , ___ , ___ , ___ , ___ , ___ , ... |

2. Regularidade na soma dos *n* primeiros números ímpares.

   a) Analise com atenção, descubra a regularidade e complete as igualdades que faltam.

   - Primeiro número ímpar:

     ___1___ → ___1___ = ___1^2___.

   - Soma dos dois primeiros:

     ___1___ + ___3___ → ___4___ = ___2^2___.

   - Soma dos três primeiros:

     ___1___ + ___3___ + ___5___ → _____ = _____.

   - Soma dos quatro primeiros:

     ___1___ + ___3___ + ___5___ + ___7___ → _____ = _____.

   b) Escreva a soma dos cinco primeiros números ímpares e confirme a regularidade verificada.

   _____

   _____

   c) Faça o mesmo com a soma dos seis primeiros números ímpares.

   _____

   _____

23

d) Indique a expressão algébrica que indica a soma dos n primeiros números naturais ímpares:

_____.

e) Agora, calcule e registre:

- A soma dos 10 primeiros números ímpares $(1 + 3 + 5 + ... + 19)$ é:

_____.

3. Outra regularidade na sequência dos números naturais ímpares.

a) Analise com atenção, descubra a regularidade e, de acordo com ela, complete com os valores que faltam.

- 1ª linha → $\boxed{1}$ → $1 = 1^3$

- 2ª linha → $\boxed{3}$ + $\boxed{5}$ → $8 = 2^3$

- 3ª linha → $\boxed{7}$ + $\boxed{9}$ + $\boxed{11}$ → $27 = 3^3$

- 4ª linha → $\boxed{13}$ + $\boxed{15}$ + $\boxed{17}$ + $\boxed{19}$ → _____ = _____

- 5ª linha → $\boxed{21}$ + $\boxed{23}$ + $\boxed{25}$ + $\boxed{27}$ + $\boxed{29}$ → _____ = _____

b) Escreva a 6ª linha dessa "disposição triangular" e confirme a regularidade verificada.

- 6ª linha → _____ + _____ + _____ + _____ + _____ + + _____ = _____ = _____

c) Faça o mesmo com a 7ª linha.

- 7ª linha → _____ + _____ + _____ + _____ + _____ + _____ + + _____ = _____ = _____

d) Indique a expressão algébrica que indica a soma dos números ímpares da enésima linha dessa "disposição triangular".

_____

e) Agora, calcule e registre a soma dos números ímpares da 10ª linha dessa "disposição triangular".

FIGURAS NO PLANO CARTESIANO

No plano cartesiano (I) a seguir, marque os pontos A(2, 7), B(2, 2), C(7, 2) e D(5, 7). Em seguida, trace os segmentos de reta $\overline{AB}$, $\overline{BC}$ $\overline{CD}$ e $\overline{DA}$.

(I)

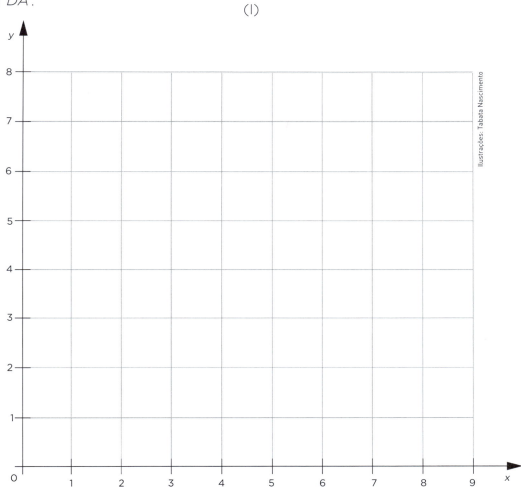

- Agora, indique o tipo de cada ângulo formado:
- $\hat{A}$: _____ $\hat{B}$: _____

  $\hat{C}$: _____ $\hat{D}$: _____
- Finalmente, responda e justifique. O quadrilátero ABCD é um paralelogramo, um trapézio ou nenhum dos dois?

_____

_____

_____

No plano cartesiano (II), abaixo, marque as letras E, F, G e H nos 4 pontos assinalados, de modo que, traçando as retas $\overleftrightarrow{EG}$, $\overleftrightarrow{FH}$ e $\overleftrightarrow{EH}$ se tenha $\overleftrightarrow{EG}$ e $\overleftrightarrow{FH}$ paralelas e $\overleftrightarrow{EH}$ e $\overleftrightarrow{EG}$ perpendiculares.

Trace as retas para confirmar as posições.

Agora, escreva os pares ordenados correspondentes aos 4 pontos.

E(____, ____).   F(____, ____).   G(____, ____).   H(____, ____).

Finalmente, responda: Qual é a posição relativa das retas $\overleftrightarrow{FH}$ e $\overleftrightarrow{HE}$?

_____

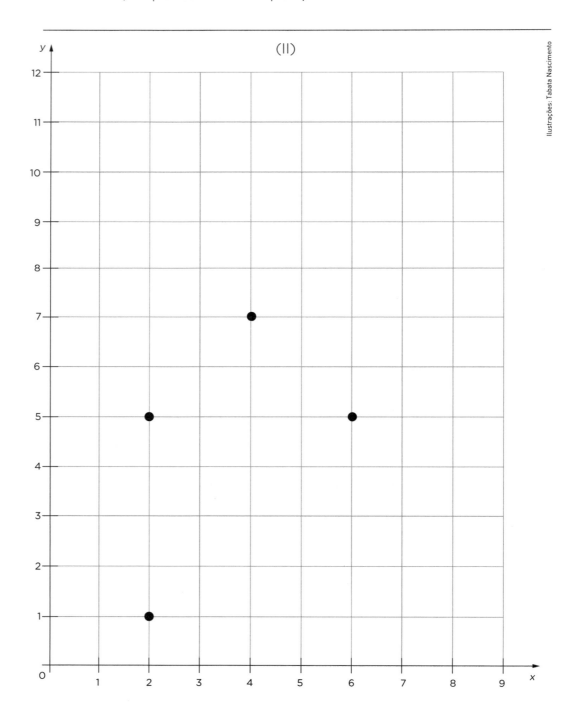

26

CAÇADA AOS INTERVALOS DE TEMPO IGUAIS

EF07MA29

Complete com o que falta em cada quadro para registrar o intervalo de tempo correspondente, em um mesmo dia.

Depois, ligue os quadros que têm intervalos de tempo iguais.

Das 11h e 30min
às 13h e 45min

Intervalo (I)

_____ h e _____ min

Das 9h e 55min
às 10h e 5min

I: _____

Das 13h e 28min
às 13h e 38min

I: _____

Das 12h e 45min
às _____

I: 1h e 20min

Das 20h e 25min
às 23h e 30min

I: _____

Das 10h e 20min
às 12h e 35min

I: _____

Das 17h e 45min
às 19h e 05min

I: _____

Das _____
às 20h e 05min

I: 3h e 05min

Ilustrações: Tabata Nascimento

27

(EF07MA01)

VERDADEIRO OU FALSO?

Coloque (**V**) nas afirmações verdadeiras e (**F**) nas afirmações falsas. Nas afirmações falsas, dê um contraexemplo, ou seja, um exemplo que contradiz a afirmação.

| | Todo múltiplo de número ímpar é número ímpar. |

| | Todo divisor de número ímpar é número ímpar. |

| | Todo múltiplo de número par é número par. |

| | Todo divisor de número par é número par. |

| | Todo número ímpar é número primo. |

| | O único número primo par é o 2. |

| | Todo número divisível por 5 é divisível por 10. |

| | Todo número divisível por 10 é divisível por 5. |

| | Excluído o zero, o menor número natural que é múltiplo comum de 6 e de 9 é o 36. |

| | O maior número natural que é divisor comum de 16 e de 40 é o 8. |

| | Todo número natural que termina em 3 é divisível por 3. |

| | Todo número natural que termina em 8 é divisível por 2. |

| | Todo número natural que é divisível por 2 termina em 8. |

28

FRAÇÃO: IDEIAS E APLICAÇÕES

EF07MA09

Indique nos quadrinhos as frações irredutíveis correspondentes às situações abaixo.

a) Na *pizza* desenhada ao lado, ainda restam ☐ do total.

b) Se 1 barra de chocolate for repartida igualmente entre 3 pessoas, cada uma vai receber ☐ da barra.

c) Os balões azuis nesse grupo de balões representam ☐ do grupo.

d) João tem R$ 300,00 e vai depositar R$ 240,00 em sua conta na poupança.

A quantia que ele vai depositar corresponde a ☐ da quantia que ele tem.

e) As 12 meninas da classe de Paula representam $\frac{2}{5}$ do número de estudantes da classe. Então:

- O número de meninos representa ☐ do número de estudantes da classe.

- O número de meninas e meninos representa ☐ do número total de estudantes da classe.

29

A FRAÇÃO, O VALOR TOTAL E O RESULTADO

Tendo dois deles, como descobrir o terceiro?

1. Paulo tinha R$ 36,00 e gastou $\frac{3}{4}$ dessa quantia. Quantos reais Paulo gastou?

   Leia, calcule, complete e responda.

   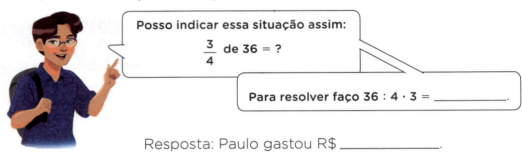

   Posso indicar essa situação assim:
   $\frac{3}{4}$ de 36 = ?

   Para resolver faço 36 : 4 · 3 = _____.

   Resposta: Paulo gastou R$ _____.

2. Amélia gastou R$ 36,00, que correspondem a $\frac{4}{9}$ da quantia que tinha. Que quantia Amélia tinha?

   Aqui posso indicar assim:
   $\frac{4}{9}$ de ? = 36.

   Para resolver faço 36 : 4 · 9 = _____.

   Resposta: Amélia tinha R$ _____.

3. Carlos tinha R$ 40,00 e gastou R$ 25,00. A quantia que ele gastou representa que fração irredutível da quantia que ele tinha?

   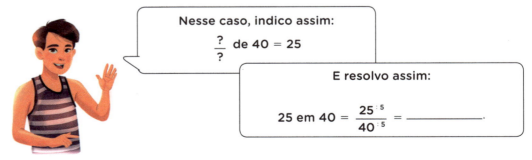

   Nesse caso, indico assim:
   $\frac{?}{?}$ de 40 = 25

   E resolvo assim:

   25 em 40 = $\frac{25 \div 5}{40 \div 5}$ = _____.

   Resposta: Carlos gastou _____ da quantia que tinha.

4. Leia, calcule e complete as situações a seguir.

   a) Se o 7º ano A tem 30 estudantes, dos quais $\frac{3}{5}$ são meninos, então, nessa classe, o número de meninos é _____.

   b) Se o 7º ano B tem 16 meninas, que representam $\frac{4}{9}$ da classe, então, essa classe tem, no total, _____ estudantes.

   c) Se o 7º ano C tem 32 estudantes, dos quais 18 são meninos, então, os meninos representam, em fração irredutível, _____ da classe.

(EF07MA21)

SIMETRIAS DE TRANSLAÇÃO, REFLEXÃO E ROTAÇÃO

1. Nos quadros I, II, III e IV abaixo, temos exemplos de transformação de uma figura A para uma figura B.

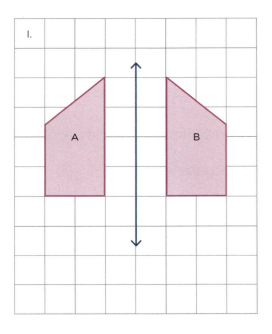
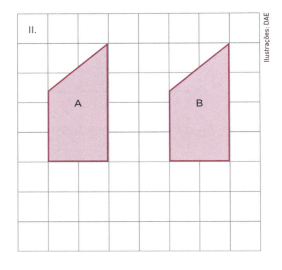
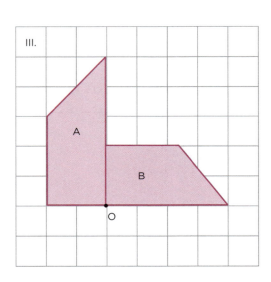
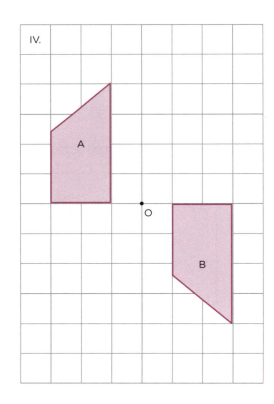

Indique o quadro correspondente ao que é citado.

a) Quadro em que temos uma translação: _____.
Esta translação é da direita para a esquerda ou é da esquerda para a direita? _____

b) Quadro em que temos uma rotação de 90°, em torno do ponto O, no sentido horário: _____.

c) Quadro em que temos uma reflexão em relação a um eixo (simetria axial): _____.
Trace o eixo e marque **e** nele.

d) Quadro em que temos uma reflexão em relação a um ponto (simetria central): _____.
Que outro nome pode ser dado a essa transformação?
_____
_____

e) Desenhe na malha quadriculada abaixo duas figuras (A e B) e suas respectivas simétricas (A' e B'). Uma com simetria de translação e outra com simetria de rotação.

CÁLCULO MENTAL

O CORRETO E O INCORRETO

VAMOS DESCOBRIR?

Em cada item, pinte apenas o quadro que mostra a operação efetuada de forma correta.

a) $\dfrac{3}{7} + \dfrac{2}{7} = ?$ $\boxed{\dfrac{3}{7} + \dfrac{2}{7} = \dfrac{3+2}{7} = \dfrac{5}{7}}$ $\boxed{\dfrac{3}{7} + \dfrac{2}{7} = \dfrac{3+2}{7+7} = \dfrac{5}{14}}$

b) $\dfrac{1}{4} + \dfrac{3}{10} = ?$ $\boxed{\dfrac{1}{4} + \dfrac{3}{10} = \dfrac{1+3}{4+10} = \dfrac{4}{14}}$ $\boxed{\dfrac{1}{4} + \dfrac{3}{10} = \dfrac{5+6}{20} = \dfrac{11}{20}}$

c) $\dfrac{5}{9} - \dfrac{4}{9} = ?$ $\boxed{\dfrac{5}{9} - \dfrac{4}{9} = \dfrac{5-4}{9-9} = \dfrac{1}{0}}$ $\boxed{\dfrac{5}{9} - \dfrac{4}{9} = \dfrac{5-4}{9} = \dfrac{1}{9}}$

d) $\dfrac{7}{9} - \dfrac{1}{2} = ?$ $\boxed{\dfrac{7}{9} - \dfrac{1}{2} = \dfrac{14-9}{18} = \dfrac{5}{18}}$ $\boxed{\dfrac{7}{9} - \dfrac{1}{2} = \dfrac{7-1}{9-2} = \dfrac{6}{7}}$

e) $\dfrac{3}{5} \cdot \dfrac{2}{5} = ?$ $\boxed{\dfrac{3}{5} \cdot \dfrac{2}{5} = \dfrac{3 \cdot 2}{5 \cdot 5} = \dfrac{6}{25}}$ $\boxed{\dfrac{3}{5} \cdot \dfrac{2}{5} = \dfrac{3 \cdot 2}{5} = \dfrac{6}{5}}$

f) $\dfrac{3}{8} \cdot \dfrac{1}{2} = ?$ $\boxed{\dfrac{3}{8} \cdot \dfrac{1}{2} = \dfrac{3 \cdot 1}{8} = \dfrac{3}{8}}$ $\boxed{\dfrac{3}{8} \cdot \dfrac{1}{2} = \dfrac{3 \cdot 1}{8 \cdot 2} = \dfrac{3}{16}}$

g) $\dfrac{2}{3} : \dfrac{5}{7} = ?$ $\boxed{\dfrac{2}{3} : \dfrac{5}{7} = \dfrac{2}{3} \cdot \dfrac{7}{5} = \dfrac{14}{15}}$ $\boxed{\dfrac{2}{3} : \dfrac{5}{7} = \dfrac{3}{2} \cdot \dfrac{5}{7} = \dfrac{15}{14}}$

h) $\left(\dfrac{2}{3}\right)^3 = ?$ $\boxed{\left(\dfrac{2}{3}\right)^3 = \dfrac{2^3}{3^3} = \dfrac{8}{27}}$ $\boxed{\left(\dfrac{2}{3}\right)^3 = \dfrac{2^3}{3} = \dfrac{8}{3}}$

CADA NÚMERO NO SEU LUGAR

EF07MA09

Observe os números que aparecem nos quadros. Coloque cada um deles, de forma conveniente, nas afirmações abaixo.

| 15,50 | $\dfrac{2}{3}$ | 15,45 | $\dfrac{3}{4}$ | $\dfrac{3}{8}$ | 15,75 | 15,9 |

a) Na parte da reta numerada ao lado, o ponto A corresponde ao número ☐.

b) Se Márcia pintar $\dfrac{1}{2}$ de uma figura de azul e $\dfrac{1}{4}$ de amarelo, no total ela vai pintar ☐ da figura.

c) A distância da casa de Roberto até a padaria fica entre 16 metros e 15 metros e meio. Ela mede ☐ m.

d) Na parte da reta numerada ao lado, o ponto B corresponde ao número ☐.

e) Carlos comprou um caderno, pagou com R$ 20,00 e recebeu R$ 4,50 de troco. O caderno custou R$ ☐.

f) Repartindo igualmente 4 litros de suco em 6 garrafas, cada garrafa ficará com ☐ L de suco.

g) Em uma reta numerada, o número ☐ fica entre 15,85 e 16.

DESAFIO

1. O professor de Carlos pediu aos estudantes que escrevessem a igualdade abaixo, que está incorreta, usando palitos para escrever os números na notação romana e os sinais de − e de =.

   O desafio que ele lançou foi: mudar a posição de 2 palitos, de modo a obter uma igualdade correta.

   Descubra a solução e registre no quadro da direita.

   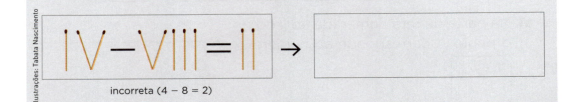

   incorreta (4 − 8 = 2)

2. Em cada um dos itens abaixo temos uma desigualdade. Troque a posição de dois números para obter uma igualdade.

   a) $168 : 6 \neq 8 + 12 \rightarrow \boxed{} : \boxed{} = \boxed{} + \boxed{}$

   b) $+4 - +7 \neq -5 \cdot -3 \rightarrow \boxed{} - \boxed{} = \boxed{} \cdot \boxed{}$

   c) $2{,}4 \cdot 6 \neq 1{,}2 + 3 \rightarrow \boxed{} \cdot \boxed{} = \boxed{} + \boxed{}$

   d) $\dfrac{4}{5} \cdot \dfrac{1}{5} \neq \dfrac{2}{3} : \dfrac{3}{8} \rightarrow \boxed{} \cdot \boxed{} = \boxed{} : \boxed{}$

NÚMEROS INTEIROS: LOCALIZAÇÃO NA RETA E COMPARAÇÃO

EF07MA03

1. Este é o conjunto dos números inteiros (ℤ).

   ℤ = {..., −4, −3, −2, −1, 0, +1, +2, +3, +4, ...}

2. Localização na reta.

   a) Marque esses números na reta numérica abaixo.

   b) Agora, indique os números inteiros em partes da reta numerada.

   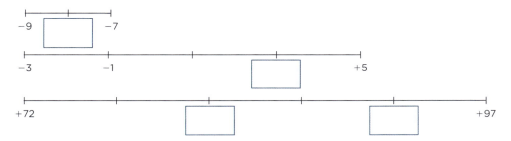

Comparação

3. Compare os números inteiros colocando >, < ou = entre eles.

   - +5 _____ −7
   - +19 _____ 0
   - +9 _____ +5
   - −9 _____ −5
   - 0 _____ −6
   - +4 _____ 4

DESAFIO

4. Localize cinco trios de números inteiros na ordem crescente (da esquerda para a direita ou de cima para baixo). Um dos trios já está pintado. Pinte os demais.

−3	−1	+2	0	−3	−4
+2	0	−2	−3	0	−5
0	−4	−5	+2	+1	0
+4	+1	−3	0	−2	−1
+6	0	−2	+3	−3	+5
+9	−1	−3	−4	+2	+4

37

CÁLCULO MENTAL
OPERAÇÕES COM NÚMEROS INTEIROS

1. **"Pirâmides" das operações**

   Em cada uma, o resultado da operação entre os números de dois quadrinhos vizinhos deve aparecer no quadrado acima deles. Veja os exemplos ao lado.

   Complete as "pirâmides" de operações com números inteiros.

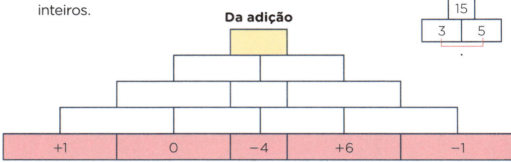

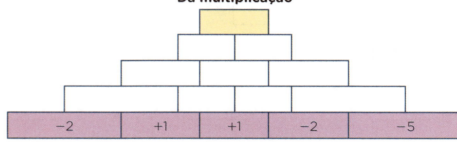

2. **Quadros das operações**

   Descubra a regra com os valores já colocados e complete os demais.

SUBTRAENDO			
−	−5	0	+4
+4			
0	+5		
−2			−6

   (MINUENDO)

DIVISOR			
÷	−2	+4	+8
+40			+5
−8		−2	
−16	+8		

   (DIVIDENDO)

É HORA DE
RESOLVER PROBLEMAS!

EF07MA09

1. Joana gastou $\frac{1}{2}$ da quantia que tinha na compra de um caderno e $\frac{1}{5}$ da mesma quantia na compra de um sorvete. Com isso, ela ainda ficou com R$ 9,00. Que quantia Joana tinha antes das compras?

---

2. Pedro comprou um caderno de R$ 11,50 e uma caneta de R$ 3,30. Pagou com uma nota de R$ 20,00. Ele gastou e recebeu de troco, respectivamente:

☐ R$ 13,80 e R$ 6,20

☐ R$ 14,20 e R$ 5,80

☐ R$ 14,80 e R$ 6,20

☐ R$ 14,80 e R$ 5,20

3. Em um depósito de forma cúbica, com arestas de 1 m, cabem 1000 L de água. Quantos litros de água cabem no depósito mostrado ao lado?

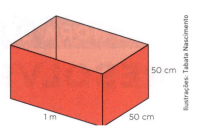

4. Complete de forma adequada o enunciado do problema. Depois, indique sua resolução.

O preço de _____ bolas iguais é R$ _____.

Então, o preço de 5 bolas é R$ _____, o preço de _____ bolas é R$ 36,00 e o preço de _____ bolas é R$ _____.

A BUSCA DOS TIPOS DE ÂNGULO

Nas figuras abaixo, aparecem os ângulos $A\hat{O}B$, $B\hat{O}C$, $C\hat{O}D$ e $D\hat{O}A$.

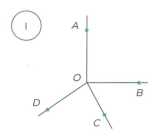

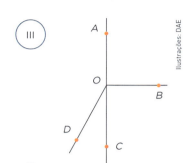

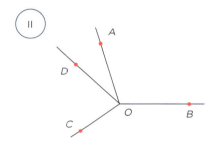

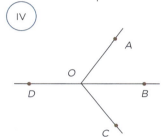

Complete a tabela abaixo, que registra o tipo de cada um dos ângulos citados. A 1ª linha já está pronta.

Tipos de ângulo				
Figuras	$A\hat{O}B$	$B\hat{O}C$	$C\hat{O}D$	$D\hat{O}A$
(I)	reto	agudo	agudo	obtuso
(II)				
(III)				
(IV)				

Complete: Se, na figura (III), $C\hat{O}D$ mede 38°, então, $A\hat{B}C$ mede _____, $B\hat{O}C$ mede _____ e $D\hat{O}A$ mede _____.

- Agora, desenhe em seu caderno a figura (V), na qual $A\hat{O}B$, $B\hat{O}C$, $C\hat{O}D$ e $D\hat{O}A$ tenham a mesma medida.
- Finalmente, complete com a medida:
  $m(A\hat{O}B) = m(B\hat{O}C) = m(C\hat{O}D) = m(D\hat{O}A) = $ _____.

41

DESAFIO

1. O dia 28/2/2020 caiu em uma 6ª feira. Descubra e registre em que dias da semana caíram estes dias.

- 21/2/2020

  _____

- 1/3/2020

  _____

- 30/1/2020

  _____

- 1/3/2021

  _____

2. Descubra uma regularidade e complete o 7º e o 8º termos da sequência a seguir.

Ilustrações: DAE

3. Como obter R$ 33,00 com cédulas (notas) nos seguintes casos? Descubra e registre abaixo.

a) Com o menor número possível de cédulas.

_____

_____

b) Com o maior número possível de cédulas.

_____

_____

c) Com exatamente 9 cédulas.

_____

_____

SIMETRIA DE REFLEXÃO NO PLANO CARTESIANO

EF07MA20

1. Desenhe o △A'B'C', no plano cartesiano ao lado, **simétrico** do △ABC em **relação ao eixo x**.

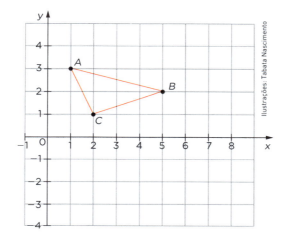

Escreva as coordenadas dos pontos:

A(____, ____)   A'(____, ____)

B(____, ____)   B'(____, ____)

C(____, ____)   C'(____, ____)

O que mudou nas coordenadas de uma figura em relação às da outra?

_____

2. Desenhe o △E'F'G', **simétrico** do △EFG **em relação ao eixo y**.

Escreva as coordenadas:

E(____, ____)   E'(____, ____)

F(____, ____)   F'(____, ____)

G(____, ____)   G'(____, ____)

O que mudou nas coordenadas de uma figura em relação às da outra?

_____
_____

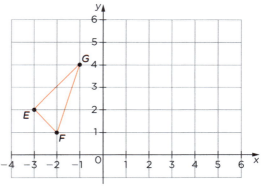

43

3. Agora, desenhe o △P'Q'R', **simétrico** do △PQR **em relação ao ponto O**. Escreva as coordenadas:

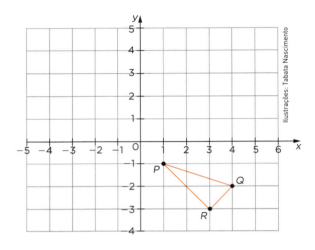

P(____, ____)   P'(____, ____)

Q(____, ____)   Q'(____, ____)

R(____, ____)   R'(____, ____)

O que mudou nas coordenadas de uma figura em relação às da outra?

_____

(EF07MA20) # ESTIMATIVAS E VERIFICAÇÕES

Em cada item, faça uma estimativa da simetria de reflexão que deverá ser feita para obter $\overline{A'B'}$ a partir de $\overline{AB}$.

Depois, construa as figuras para conferir suas estimativas.

a)
A(−3, −1)
B(−1, −2)

A'(3, −1)
B'(1, −2)

- Estimativa: simetria de reflexão em relação ao _____.
- Conferindo: simetria de reflexão em relação ao _____.

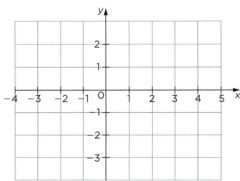

44

b) A(−2, −2)
B(0, −1)

A'(2, 2)
B'(0, 1)

- Estimativa: simetria de reflexão em relação ao _____.
- Conferindo: simetria de reflexão em relação ao _____.

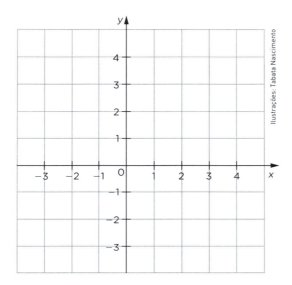

c) A(−2, −3)
B(−1, −1)

A'(−2, 3)
B'(−1, 1)

- Estimativa: simetria de reflexão em relação ao _____.
- Conferindo: simetria de reflexão em relação ao _____.

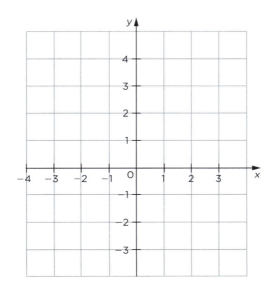

REGULARIDADE
FRAÇÕES UNITÁRIAS

1. Complete as frações chamadas unitárias na sequência abaixo.

   $\frac{1}{1}$, $\frac{1}{2}$, $\frac{1}{3}$, $\frac{1}{4}$, $\frac{1}{5}$, $\frac{1}{6}$, ☐ , ☐ , ☐ , ☐ , ...

Regularidade na comparação

2. Observe a figura, tire sua conclusão e compare as frações colocando o símbolo de > (maior) ou < (menor) entre elas.

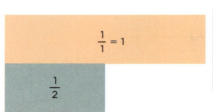

Quando comparamos duas frações unitárias, a maior delas é a que tem o denominador _____.

- $\frac{1}{2}$ ___ $\frac{1}{3}$ • $\frac{1}{5}$ ___ $\frac{1}{4}$ • $\frac{1}{7}$ ___ $\frac{1}{9}$

Regularidade na adição

3. Veja os três exemplos e faça o mesmo no 4º item para comprovar a regularidade.

- $\frac{1}{2} + \frac{1}{3} = \frac{3}{6} + \frac{2}{6} = \frac{5}{6}$ ↗ 2 + 3 ↘ 2 · 3

- $\frac{1}{8} + \frac{1}{4} = \frac{1}{8} + \frac{2}{8} = \frac{3}{8} = \frac{12}{32}$ ↗ 8 + 4 ↘ 8 · 4

- $\frac{1}{6} + \frac{1}{4} = \frac{2}{12} + \frac{3}{12} = \frac{5}{12} = \frac{10}{24}$ ↗ 6 + 4 ↘ 6 · 4

- $\frac{1}{7} + \frac{1}{5} =$

4. Assinale a igualdade que indica a regularidade na adição de frações unitárias. Depois, efetue as adições usando a regularidade.

   ☐ $\frac{1}{a} + \frac{1}{b} = \frac{2}{a+b}$ ☐ $\frac{1}{a} + \frac{1}{b} = \frac{a+b}{a \cdot b}$ ☐ $\frac{1}{a} + \frac{1}{b} = \frac{1}{a \cdot b}$

- $\frac{1}{5} + \frac{1}{8} = $ ☐   • $\frac{1}{10} + \frac{1}{7} = $ ☐   • $\frac{1}{6} + \frac{1}{10} = $ ☐

EXISTÊNCIA DE TRIÂNGULOS

EF07MA24

1. Observe os pontos A, B, C, D e E ao lado.

    a) Trace o triângulo △ACE.

    b) Escreva as medidas de comprimento dos seus lados:

    _____.

    c) Quanto aos lados, esse triângulo é equilátero, isósceles ou escaleno?

    _____

2. Observe agora os pontos P, Q, R, S e T.

    a) Trace o △PRT.

    b) Escreva as medidas de abertura de seus ângulos:

    _____.

    c) Quanto aos ângulos, esse triângulo é acutângulo, retângulo ou obtusângulo?

    _____

3. Responda às perguntas de João e de Priscila.

Por que não existe triângulo com lados de 8 cm, 4 cm e 3 cm?

Por que não existe triângulo com ângulos internos de 70°, 50° e 30°?

Ilustrações: Dayane Raven

- Resposta para João.

_____

_____

- Resposta para Priscila.

_____

_____

MAIS OPERAÇÕES COM NÚMEROS INTEIROS

EF07MA04

1. Nesta atividade, siga as instruções de cada item abaixo.
   1. Efetue as operações e registre os resultados.
   2. Compare os resultados e coloque >, < ou = entre eles.

   a) $-3 + 7$ ↓ _____ $(-2) \cdot (-3)$ ↓ _____

   b) $(-9) : (+3)$ ↓ _____ $(-1) - (+4)$ ↓ _____

   c) $(-2)^4$ ↓ _____ $(+4)^2$ ↓ _____

   d) $(-5)^2$ ↓ _____ $(-2)^5$ ↓ _____

2. Sequências com seis números inteiros.

   Complete as sequências abaixo, de modo que cada termo a partir do segundo seja obtido somando, subtraindo, multiplicando, dividindo ou elevando o termo anterior a um mesmo número.

   a) -60, -45, -30, -15, ____ e ____ .
   b) $+3$, -6, $+12$, -24, ____ e ____ .
   c) -9, -4, $+1$, $+6$, ____ e ____ .
   d) -2, $+4$, $+16$, $+256$, ____ e ____ .
   e) -243, -81, -27, -9, ____ e ____ .

GRÁFICOS PARA INDICAR QUANTIA REPARTIDA

EF07MA37

Veja as situações em que a quantia de R$ 120,00 foi repartida entre 3 crianças.

Situação (A):
- João recebeu o dobro de Ana.
- Pedro recebeu o triplo de Ana.

Situação (B)
- Maria recebeu o dobro de Carlos.
- Neide recebeu a mesma quantia de Carlos.

a) Identifique o gráfico correspondente a cada situação e registre a letra A ou B no espaço indicado.

b) No eixo horizontal, escreva as iniciais das crianças e quanto recebeu cada uma.

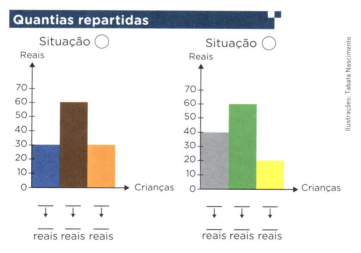

Fonte: Dados fictícios.

c) Agora, complete o gráfico de setores de cada situação.

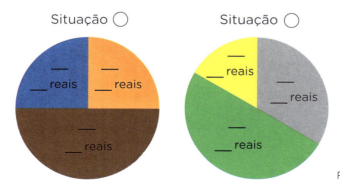

Fonte: Dados fictícios.

49

`EF07MA09`

É HORA DE
RESOLVER PROBLEMAS!

1. Marina cortou metade de um bolo e separou esse pedaço em 3 partes de mesmo tamanho. Cada parte corresponde a:

   ☐ $\dfrac{1}{3}$ ☐ $\dfrac{1}{8}$

   ☐ $\dfrac{1}{6}$ ☐ $\dfrac{2}{3}$

2. Juntando $\dfrac{3}{4}$ L de leite com $1\dfrac{3}{4}$ L de leite em uma vasilha, ela ficará com:

   ☐ $2\dfrac{1}{2}$ L   ☐ $2\dfrac{2}{3}$ L

   ☐ 2 L   ☐ $2\dfrac{3}{8}$ L

50

3. Na figura a seguir, a distância entre as duas casas mede 44,4 m, e a distância da casa azul até a árvore mede o triplo da distância da casa verde até a árvore. Então da casa azul até a árvore são:

☐ 11,1 m. ☐ 33,3 m.

☐ 44,4 m. ☐ (22,2) m.

4. Em uma cidade, a medida da temperatura das 12h de um dia até às 16h subiu 3 °C e das 16h até às 24h baixou 5 °C.

Se às 24 h desse dia a temperatura era de −4°C, então às 12h era de:

☐ −6 °C. ☐ −2 °C.

☐ +2 °C. ☐ +4 °C.

(EF07MA22) # CIRCUNFERÊNCIAS

Use um compasso e trace uma circunferência que tenha um dos pontos marcados abaixo com centro (marque *A*) e passe por 3 dos demais pontos (marque *B*, *C* e *D*). Cubra a circunferência com lápis verde.

Agora, responda às questões propostas e trace os segmentos citados.

a) Qual segmento de reta é um raio: $\overline{AB}$, $\overline{BC}$ ou $\overline{CD}$? Trace esse raio com caneta preta.

_____

b) Trace com caneta vermelha o diâmetro $\overline{CE}$ e marque *E*.

c) Qual é a medida de comprimento de todos os raios dessa circunferência? E de todos os diâmetros?

_____

PAINÉIS COM CÍRCULOS E PARTES DO CÍRCULO

EF07MA22

Reproduza cada um dos painéis a seguir.

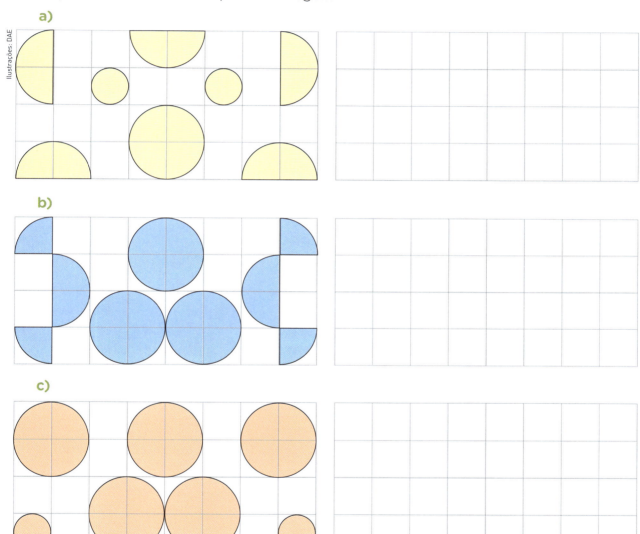

Agora, complete a descrição de cada painel.

- O painel com a letra _____ tem _____ círculos, _____ semicírculos e _____ quartos de círculo.

- O painel com a letra _____ só tem círculos. No total, são _____ círculos.

- Sobrou o painel com a letra _____: ele tem _____

EF07MA02

CÁLCULO MENTAL

PORCENTAGEM DE NÚMERO OU FIGURA: COMO CALCULAR?

1. Complete os espaços indicados com instruções para calcular o que se pede em cada item.

PORCENTAGEM	O que pode ser feito com um número quando ele é a unidade	O que pode ser feito com uma figura quando ela é a unidade
100%	Considerar o próprio número.	Considerar a figura toda.
50%	Dividir por _____, ou seja, considerar a _____ do número.	Dividir em _____ partes iguais e considerar uma delas.
75%	Dividir por _____ e depois multiplicar o quociente por _____.	Dividir em _____ partes iguais e considerar _____ delas.
20%	Dividir por _____.	Dividir em _____ partes iguais e considerar _____ delas.
10%	Dividir por _____.	Dividir em _____ partes iguais e considerar _____ delas.
1%	Dividir por _____.	Dividir em _____ partes iguais e considerar _____ delas.
30%	Calcular 10% e multiplicar o valor obtido por _____.	Dividir em _____ partes iguais e considerar _____ delas.

2. Calcule mentalmente e complete os itens **a**, **b** e **c**. Faça o que se pede em **d**.

a) 20% de 35 = _____

b) 75% de 200 = _____

c) 6% de R$ 300 = R$ _____

d) Pinte 75% do círculo.

54

EXPRESSÕES ALGÉBRICAS: SÃO EQUIVALENTES OU NÃO?

EF07MA16

1. Em cada item, simplifique as duas expressões e depois escreva se elas são equivalentes ou não.

   a) $3 \cdot (x - 2)$ e $x^2 + 3x - 6 - x^2$ _____

   b) $6x^2 - 4x^2$ e $3 \cdot (2x - 4)$ _____

   c) $(x + 3)^2$ e $x^2 + 6x + 9$ _____

   d) $\dfrac{x}{3} - \dfrac{2}{3}$ e $\dfrac{x - 2}{6}$ _____

2. Escolha duas expressões algébricas equivalentes da atividade anterior e calcule seus valores numéricos para $x = -1$ e para $x = 10$.

   _____

   - $x = -1$

   - $x = 10$

EF07MA15

SEQUÊNCIAS COM EXPRESSÕES ALGÉBRICAS E COM SEUS VALORES NUMÉRICOS

Faça o que se pede a seguir.

- Descubra uma regularidade em cada uma das sequências com expressões algébricas e, de acordo com ela, escreva os dois termos seguintes.
- Escreva a sequência formada pelos valores numéricos das expressões, de acordo com o valor dado para a variável.

a) $3x - 1$, $5x - 2$, $7x - 3$, $9x - 4$, ☐ , ☐ , ...

Para $x = 5 \rightarrow$ _____

b) $\dfrac{y+4}{3}$, $\dfrac{y+3}{3}$, $\dfrac{y+2}{3}$, $\dfrac{y+1}{3}$, ☐ , ☐ , ...

Para $x = -1 \rightarrow$ _____

c) $x^2 + x + 1$, $2x^2 + x + 2$, $3x^2 + x + 3$, $4x^2 + x + 4$, ☐ , ☐ , ...

Para $x = 3 \rightarrow$ _____

Para $x = -10 \rightarrow$ _____

d) x , $\dfrac{1}{x}$, x^2 , $\dfrac{1}{x^2}$, x^3 , $\dfrac{1}{x^3}$, ☐ , ☐ , ...

Para $x = -2 \rightarrow$ _____

- Por fim, verifique e responda: Qual é o 12º termo em cada uma das duas sequências apresentadas no item anterior?

_____

O JOGO DOS QUADRILÁTEROS: QUEM VENCEU?

Nesse jogo, em cada rodada, um participante sorteia um polígono, verifica suas características e anota na tabela quantos pontos fez, de acordo com as pontuações abaixo.

- Polígono que não é quadrilátero: marca 0.
- Quadrilátero sem lados paralelos: marca 1.
- Quadrilátero com um só par de lados paralelos: marca 2.
- Quadrilátero com dois pares de lados paralelos: marca 3.

Veja os polígonos sorteados por Mauro e Rogério nas 5 rodadas.

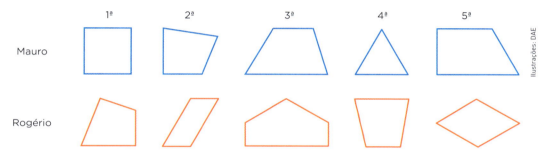

1. Marque os pontos na tabela e registre o nome do vencedor do jogo.

Rodadas / Nomes	1ª	2ª	3ª	4ª	5ª	Total de pontos	Vencedor do jogo
Mauro							
Rogério							

2. Agora, analise todos os polígonos sorteados e complete com o que falta em cada item.

a) Mauro sorteou um _____ na 4ª rodada.

b) Rogério sorteou um trapézio na _____ rodada.

c) Rogério sorteou um losango na _____ rodada.

d) _____ sorteou um quadrado na _____ rodada.

e) Rogério não sorteou um quadrilátero na _____ rodada.

57

EF07MA12

ÉLABORAR E RESOLVER PROBLEMAS

Em cada atividade, elabore um problema e faça a resolução, de modo que a resposta seja a que aparece no final.

1. **Problema:**

   Resolução

   Resposta: Nina gastou R$ 27,50 na compra desses produtos.

2. **Problema:**

   Resolução

   Resposta: Cada caderno custou R$ 6,30.

3. **Problema:**

   Resolução

   Resposta: Nessa compra, Lauro recebeu R$ 23,30 de troco.

SOMA DAS MEDIDAS DOS ÂNGULOS INTERNOS EM POLÍGONOS CONVEXOS

1. Complete a afirmação e a igualdade correspondente.

Em todo triângulo a soma das medidas dos 3 ângulos internos é _____

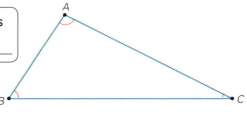

m($\hat{A}$) + m($\hat{B}$) + m($\hat{C}$) = _____

2. Siga as instruções abaixo para cada polígono.
   - Ligue um vértice a todos os vértices não consecutivos.
   - Conte quantos triângulos foram formados.
   - Calcule a soma das medidas dos ângulos internos dos polígonos.

   Veja um exemplo a seguir.

   Quadrilátero (polígono de _____ lados). Foram formados 2 triângulos.

   Soma das medidas dos ângulos internos: _____ · 180° = _____

   a) Pentágono (_____ lados).

   _____ triângulos

   Soma:

   _____ · _____ = _____

   c) Heptágono (_____ lados).

   _____ triângulos

   Soma:

   _____ · _____ = _____

   b) Hexágono (_____ lados).

   _____ triângulos

   Soma:

   _____ · _____ = _____

   d) Decágono (_____ lados).

   Soma:

   _____ · _____ = _____

3. Conclusão: nas condições citadas, em um polígono de n lados é possível formar _____ triângulos, e a fórmula para o cálculo da soma das medidas dos ângulos internos do polígono é S_i = _____.

QUAL É?

Responda às questões formuladas envolvendo Números, Geometria e Medida.

a) Qual é o número natural que somado a ele mesmo dá 1876?

b) Qual é a pirâmide que tem 10 arestas?

c) Qual é o número inteiro negativo que multiplicado por ele mesmo dá +196?

d) Qual é a unidade de medida de intervalo de tempo correspondente a 100 anos?

e) Qual é a fração de denominador 15, equivalente à fração $\frac{8}{12}$?

f) Qual é o nome do ângulo que mede mais do que 90° e menos do que 360°?

g) Qual é o número que deve ser colocado no lugar do x, para que a expressão $5 - 3x$ tenha valor numérico 32?

h) Qual é o número decimal cuja quinta parte é 0,7?

ÂNGULOS INTERNOS EM POLÍGONOS REGULARES

EF07MA27

1. Leia o que os estudantes estão afirmando.

Um polígono convexo de *n* lados tem *n* ângulos internos.

Em um polígono regular todos os ângulos internos têm a mesma abertura.

A soma das medidas dos ângulos internos em um polígono convexo de *n* lados é $S_i = (n - 2) \cdot 180°$.

Então em um polígono regular de *n* lados cada ângulo interno mede $\frac{(n - 2) \cdot 180°}{n}$.

Veja um exemplo e complete o que falta nos demais.

a)
Triângulo (3 lados)
$S_i = (3 - 2) = 180° = 180°$

→

Triângulo regular (Triângulo equilátero)
Cada ângulo: $\frac{180°}{3} = 60°$

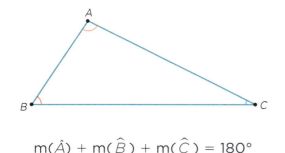

$m(\hat{A}) + m(\hat{B}) + m(\hat{C}) = 180°$

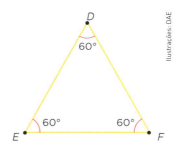

b)
Quadrilátero (_____ lados)
$S_i = $ _____

→

Quadrilátero regular (Quadrado)
Cada ângulo:
_____

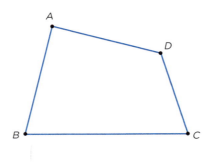
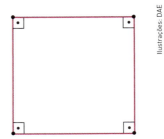

m($\hat{A}$) + m($\hat{B}$) + m($\hat{C}$) + m($\hat{D}$) = _____

c)
Pentágono (_____ lados)
S_i = _____

→

Pentágono regular
Cada ângulo:
_____

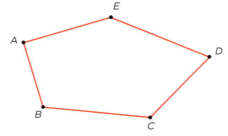
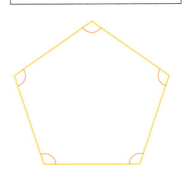

m($\hat{A}$) + m($\hat{B}$) + m($\hat{C}$) + m($\hat{D}$) + m($\hat{E}$) = _____

d) Complete os espaços a seguir.

Em um **hexágono** (_____ **lados**), temos S_i = _____

Em um **hexágono regular**, cada ângulo mede _____

Em um **octógono** (_____ **lados**), temos S_i = _____

Em um **octógono regular**, cada ângulo mede _____

2. Em um polígono regular, cada ângulo interno mede 144°.

a) Quantos lados tem esse polígono? _____

b) Que nome é dado a ele? _____

62

ÂNGULOS EM FAIXAS DECORATIVAS

(EF07MA27)

Veja as faixas decorativas construídas com regiões poligonais.

- Descubra uma regularidade em cada uma e, de acordo com ela, complete o que falta no espaço à esquerda.
- Depois, identifique e registre as medidas do ângulo interno indicado por *x* e do ângulo externo adjacente, indicado por *y*.

a)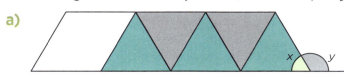

x = _____   y = _____

b)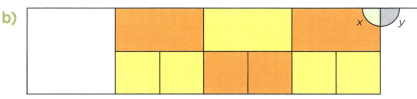

x = _____   y = _____

c)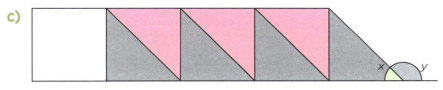

x = _____   y = _____

d)

x = _____   y = _____

e)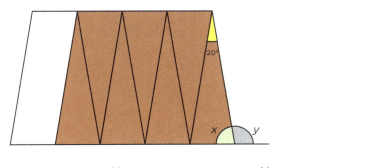

x = _____   y = _____

63

AS FRAÇÕES UNITÁRIAS E AS PORCENTAGENS CORRESPONDENTES

1. Veja o que afirmam os estudantes sobre $\frac{1}{2}$ e $\frac{1}{3}$.

$\frac{1}{2}$ corresponde a 50%, pois $\frac{1}{2} = 1 : 2 = 0{,}5 = 50\%$

$\frac{1}{3}$ corresponde, aproximadamente, a 33,3%, pois $\frac{1}{3} = 1 : 3 \cong 0{,}333 = \frac{33{,}3}{100} = 33{,}3\%$

Calcule e registre as porcentagens, exatas ou aproximadas, correspondentes às frações unitárias de $\frac{1}{2}$ até $\frac{1}{10}$.

$\frac{1}{2}$ → _____ %	$\frac{1}{5}$ → _____	$\frac{1}{8}$ → _____
$\frac{1}{3}$ → _____ %	$\frac{1}{6}$ → _____	$\frac{1}{9}$ → _____
$\frac{1}{4}$ → _____ %	$\frac{1}{7}$ → _____	$\frac{1}{10}$ → _____

2. Pinte uma parte correspondente a 12,5% do círculo.

3. Complete: na figura ao lado, a parte pintada corresponde, aproximadamente, a _____ da região quadrada.

4. Indique a fração, calcule o resultado mentalmente e registre a seguir.

a) 20% de 35 = _____ de 15 = _____

b) 33,3% de 21 ≈ _____ de 21 = _____

c) 25% de 800 ≈ _____ de 800 = _____

d) 11,1% de 72 ≈ _____ de 72 = _____

ESTATÍSTICA E PORCENTAGEM

EF04MA37

Uma prova com 30 testes foi aplicada em uma classe de 7º ano.

Veja nos gráficos de barras a quantidade de acertos (A) e erros (E) de três estudantes dessa classe.

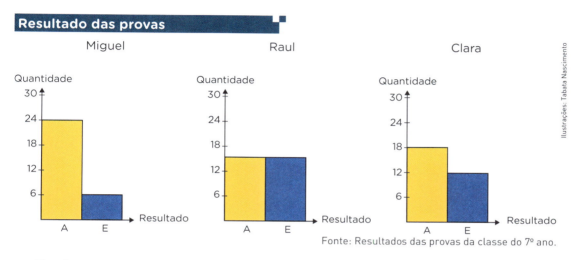

Fonte: Resultados das provas da classe do 7º ano.

Registre os mesmos resultados nos gráficos de setores.

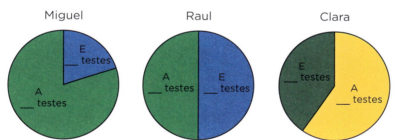

Fonte: Resultados das provas da classe do 7º ano.

Agora, complete de acordo com os resultados.

a) _____ acertou 50% do total de testes.

b) Miguel acertou _____ do total de testes.

c) O número de acertos de Clara corresponde a _____ do número de acertos de Miguel.

65

DESAFIO

1. Faça o que se pede em cada relógio a seguir.
   - Separe o mostrador do relógio em regiões planas, de modo que a soma dos números seja a mesma em todas as regiões.
   - Pinte cada região com uma cor.
   - Por fim, complete com os números solicitados.

   a)
   Divida em 2 regiões.
   Soma em cada região: _____

   b)
   Divida em 3 regiões.
   Soma em cada região: _____

   c)
   Divida em 6 regiões.
   Soma em cada região: _____

   A soma de todos os números que aparecem no mostrador é ☐.

2. Desenhe os ponteiros nos relógios a seguir, de modo que o da esquerda marque 1h e 15min antes do horário marcado pelo relógio do meio e o da direita marque 2h e 20min depois.

   a)

   b)

66

PORCENTAGEM: VAMOS APLICAR?

`EF07MA02`

1. A figura ao lado representa um terreno onde seu José vai plantar hortênsias e girassóis.

    As hortênsias devem ocupar 80% do terreno, e os girassóis o restante.

    Pinte de azul o espaço do terreno para as hortênsias e de amarelo para os girassóis.

    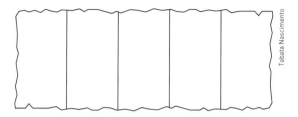

    Agora, complete: os girassóis vão ocupar [   ] do terreno.

2. **Acréscimos e de decréscimos.**

    Calcule mentalmente e complete.

    CÁLCULO MENTAL

    a) Veja o preço da bola mostrada ao lado.

    - Se houver um aumento (acréscimo) de 10% nesse preço, ela passará a custar R$ _____.

    - Se houver um desconto (decréscimo) de 5% nesse preço, ela passará a custar R$ _____.

    b) No último Censo, a população de uma cidade, que era de 30 000 habitantes, teve um acréscimo de 7%.

    Qual passou a ser a população?

3. Uma certa quantia foi repartida entre 3 pessoas: Carla recebeu 25% da quantia, Paulo recebeu 35% e Lucas recebeu R$ 120,00.
Qual foi a quantia repartida?

_____

Quanto Carla recebeu?

_____

E Paulo?

_____

EF07MA23

É HORA DE
RESOLVER PROBLEMAS!

Em cada problema, a partir da figura dada, escreva e resolva uma equação para descobrir o valor de *x*. Depois, faça os cálculos necessários e responda à questão formulada.

1. As retas *a* e *b* são paralelas. Quanto mede cada ângulo assinalado?

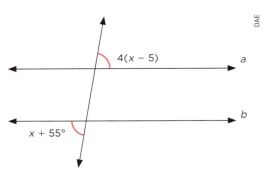

2. Qual é a medida dos ângulos $\hat{B}$ e $\hat{C}$ no △ABC?

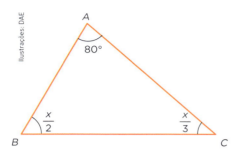

3. A figura a seguir representa um terreno retangular com as medidas indicadas em metros. Calcule as medidas do comprimento e da largura, sabendo que a medida do perímetro é 52 m.

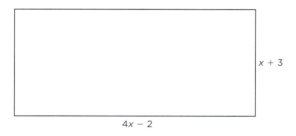

DOMINÓ, TRIMINÓS, TETRAMINÓS E PENTAMINÓS

Todos são figuras formadas por regiões quadradas de mesmo tamanho. Cada região quadrada deve ter pelo menos um lado comum com outra região quadrada.

Vamos fazer todas as construções possíveis, em cada caso.

a) **Dominó**: construído com **2 regiões**.

Neste caso, só há uma construção possível:

b) **Triminós**: construídos com **3 regiões**.

Aqui, há duas construções possíveis.

Veja uma delas e faça a outra.

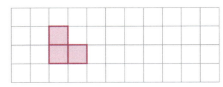

c) **Tetraminós**: construídos com **4 regiões**.

Neste caso, há cinco construções possíveis. Veja três delas e faça as outras duas.

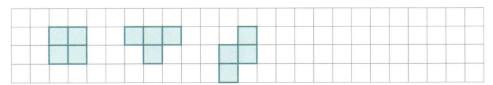

d) **Pentaminós**: construídos com **5 regiões**.

Neste caso, há doze construções possíveis. Veja oito delas e faça as outras quatro.

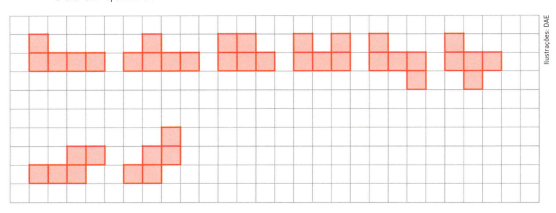

ANALISAR RESULTADOS DE PESQUISA

A seguinte pergunta foi realizada em uma pesquisa envolvendo 80 estudantes:

"Entre voleibol, tênis, natação e futebol, qual esporte você prefere?".

a) Veja o resultado obtido e complete com o número de votos para a natação.

- Voleibol (V): 16 votos
- Natação (N): _____ votos
- Tênis (T): 12 votos
- Futebol (F): 20 votos

b) Calcule e registre a porcentagem de votos recebida por cada esporte em relação ao total de votos.

- Voleibol (V): _____ dos votos
- Natação (N): _____ dos votos
- Tênis (T): _____ dos votos
- Futebol (F): _____ dos votos

c) Agora, pense e descubra qual dos gráficos de setores abaixo representa corretamente os resultados da pesquisa. Nele, pinte os setores referentes a cada categoria, coloque a letra do esporte e o número de votos recebido por ele.

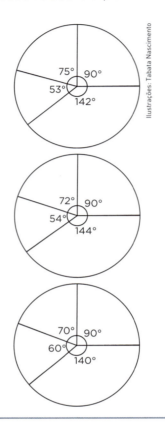

Ilustrações: Tabata Nascimento

d) Por fim, complete as conclusões tiradas a partir do resultado da pesquisa.

- O número de votos dados à(ao) _____ representa o dobro dado à(ao) _____.
- O esporte mais votado foi _____, e o menos votado foi _____.

PROBABILIDADES

EF07MA34

Em cada item, indique a fração irredutível e a porcentagem que representam a probabilidade de o fato citado acontecer.

a) Sorteando um número natural de 1 a 10, qual é a probabilidade de escolher ao acaso um número que seja divisor de 24 e divisor de 40?

Probabilidade: _____ ou _____.

b) Girando um clipe na roleta ao lado, qual é a probabilidade de sair a cor verde?

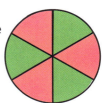

Probabilidade: _____ ou _____.

c) Sorteada uma das figuras desenhadas abaixo, qual é a probabilidade de sair:

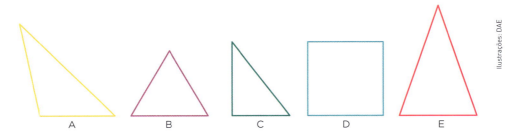

- um triângulo;

- um triângulo acutângulo;

- um quadrilátero;

- uma circunferência;

- um polígono;

- um polígono regular.

EF07MA31

IDENTIFICAÇÃO DE MEDIDAS DE ÁREA COM AS FIGURAS

A medida da área de cada região plana colorida desenhada abaixo aparece indicada por A nas caixas a seguir.

$A = c^2$

$A = \dfrac{(a+b) \cdot c}{2}$

$A = a \cdot b$

$A = a \cdot c - b^2$

$A = \dfrac{a \cdot c}{2}$

$A = \dfrac{c \cdot (b+d)}{2} + \dfrac{b \cdot d}{2}$

Considerando as medidas de comprimento na unidade u e as de área na unidade u^2, localize a figura correspondente a cada quadro e registre-o abaixo dela.

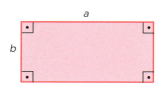
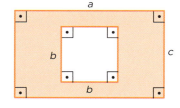
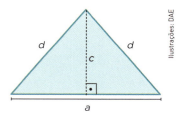

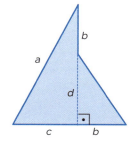
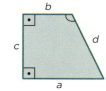

NÚMEROS, EXPRESSÕES ALGÉBRICAS E EQUAÇÕES

1. Use todos os números e todas as expressões algébricas abaixo para completar adequadamente as sentenças.

   | 4 | 1 | 0 | 3x − 1 | 2(x + 3) | −3x + 6 |

   a) Para $x = 2$, a expressão _____ tem valor _____

   b) Para $x = -1$, a expressão _____ tem valor _____

   c) Para $x = \dfrac{2}{3}$, a expressão _____ tem valor _____

2. Agora, complete utilizando os números e todas as equações a seguir.

   | −2 | 3 | 3x − 1 = x + 5 | 5 − 3x = 4 |

   | $\dfrac{1}{3}$ | 8 | $\dfrac{x}{2} + 1 = 5$ | 2(x + 7) = 10 |

   a) O número _____ é raiz da equação $-3x + 25 = 1$ e é raiz da equação _____.

   b) O número natural _____ é raiz da equação _____.

   c) O número _____ não é inteiro e é raiz da equação _____.

   d) O número _____ é raiz da equação _____.

EF07MA22

É HORA DE
CONSTRUIR FIGURAS

1. Com régua e lápis, trace e represente um losango com vértices em 4 dos pontos marcados com letras.

Representação:

_____

Lados do losango:

_____

2. Com régua e compasso, trace uma circunferência com centro em um dos pontos marcados com letras e que passa por outros dois pontos.

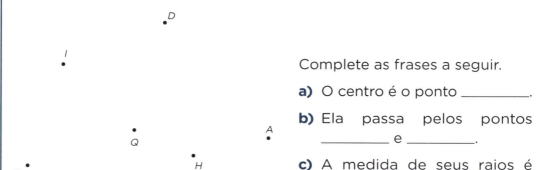

Complete as frases a seguir.

a) O centro é o ponto _____.

b) Ela passa pelos pontos _____ e _____.

c) A medida de seus raios é _____.

3. Com régua, lápis e compasso:

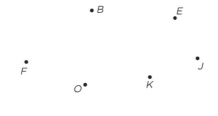

a) trace um triângulo equilátero cujos vértices são 3 dos pontos marcados com letras;

b) trace uma circunferência que passa pelos três vértices do triângulo e tem o centro em um dos demais pontos marcados;

c) Complete: a medida do perímetro do triângulo é de _____.

COMPARAÇÃO DE MEDIDAS DE PERÍMETRO E DE ÁREA

1. Observe as regiões planas desenhadas na malha quadriculada a seguir. Cada quadradinho tem lado com 1 cm de medida.

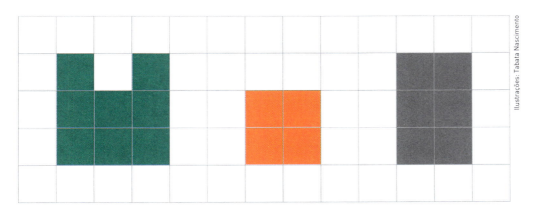

a) Complete com as cores e os valores indicados.

- A medida do perímetro da região _____ (_____ cm) corresponde a $\frac{5}{7}$ da medida do perímetro da região _____ (_____ cm).

_____

A medida do perímetro da região _____ (_____ cm) corresponde a 80% da medida do perímetro da região _____ (_____ cm).

_____

b) Complete as lacunas das afirmações a seguir. Utilize uma fração irredutível na primeira, uma porcentagem na segunda e complete as medidas nos parênteses.

A medida da área da região laranja (_____ cm²) corresponde a _____ da medida da área da região cinza (_____ cm²).

A medida da área da região cinza (_____ cm²) corresponde a _____% da medida da área da região verde (_____ cm²).

77

REGULARIDADE

DESAFIO

1. Para encher um tanque dispomos de duas torneiras. Sozinha, uma das torneiras, quando aberta, enche o tanque em 2 horas. A outra enche o tanque em 3 horas.

   Descubra quanto tempo as duas torneiras abertas juntas levam para encher o tanque.

   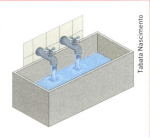

   Resposta: _____

2. **a)** Descubra uma regularidade na sequência de painéis a seguir e, de acordo com ela, desenhe e pinte o 4º termo.

   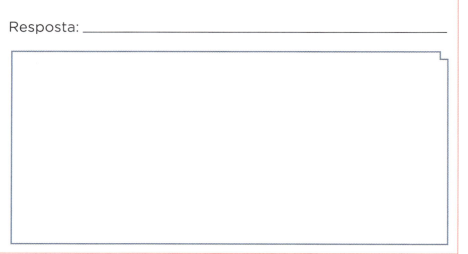

   b) Agora, descubra uma regularidade na 1ª faixa decorativa e, de acordo com ela, complete o que falta. Depois, use a mesma regularidade para completar a 2ª faixa.

   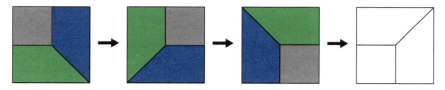

   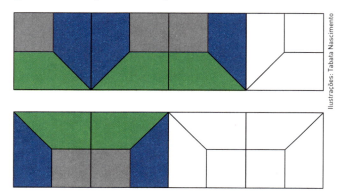

DESAFIO PENTAMINÓS

1. Nas figuras abaixo, há dois pentaminós iguais, porém, em posições diferentes. Marque-os com um **X**.

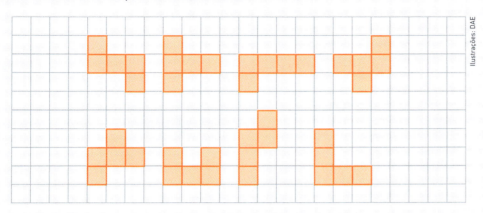

2. Entre os oito pentaminós acima há três que apresentam simetria axial. Desenhe-os com seus eixos de simetria.

3. Agora, complete a região quadrada usando três dos pentaminós desenhados abaixo.

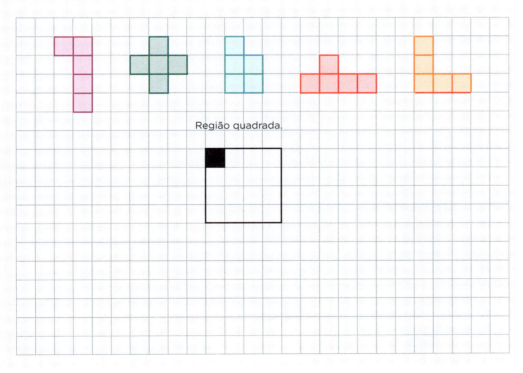

Região quadrada.

79

MEDIDA DE VOLUME

VAMOS CALCULAR E APLICAR

1. Considere um 🔲 como unidade de medida de volume e registre as medidas (V) de volume desses sólidos geométricos.

   a)

   V = _____ unidades

   b)

   V = _____ unidades

2. Procure se lembrar de como é feito o cálculo da medida de volume (V) nos dois casos a seguir. Complete as lacunas com os valores que faltam.

   • Paralelepípedo com dimensão de 5 cm, 3 cm e 2 cm.

   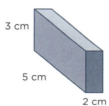

   V = _____ · _____ · _____ = _____

   • Cubo com arestas de 2,5 cm.

   V = _____ · _____ · _____ ou

   _____ = _____

3. Um reservatório X tem a forma cúbica com arestas de 4 m cada uma e está cheio de água. Já o reservatório Y tem a forma de um paralelepípedo com dimensões de 6 m, 5 m e 2 m e está vazio.

   Se a água em X for despejada em Y, o que vai acontecer no final da operação?

   ☐ Y ficará cheio e X ficará vazio.

   ☐ Y ficará cheio e X não ficará vazio.

   ☐ Y não ficará cheio e X ficará vazio.

   ☐ X e Y ficarão cheios.

MAIS MEDIDAS DE VOLUME

EF07MA30

1. Descubra e registre a medida de volume de cada um dos blocos desenhados abaixo.

   a)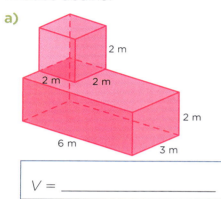

   V = _____

   b)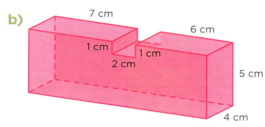

   V = _____

2. Observe as figuras e responda: Qual é a medida de volume da bolinha colocada no recipiente?

   _____

3. Calcule e responda ao que se pede.
   a) Quantas placas como a desenhada ao lado devem ser colocadas sobrepostas para que a pilha tenha a forma de um cubo?

   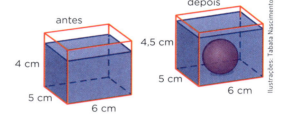

   _____
   _____

   b) Qual é a medida do volume da placa?

   _____
   _____

   c) E da pilha?

   _____
   _____

81

EF07MA36
REGISTROS EM TABELA E GRÁFICOS

O número total de faltas em uma semana, nas classes do 7º ano da escola de Raquel, foi registrado em uma tabela, em um gráfico de barras e em um gráfico de setores.

a) Complete com o que falta em cada registro.

Faltas na semana	
Classes	Faltas
7º A	
7º B	12
7º C	
7º D	

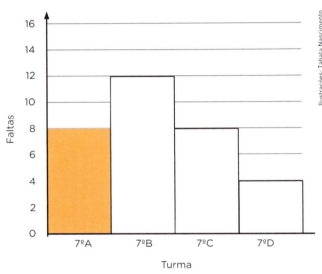

Fonte: Faltas dos estudantes do 7º ano.

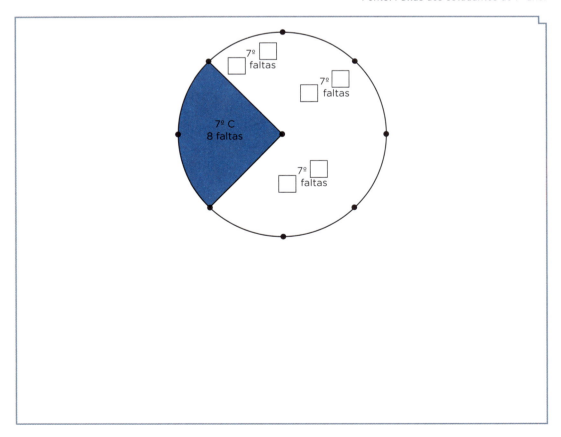

b) Complete as conclusões tiradas a partir dos registros anteriores.

- No 7º _____ e no 7º _____ o número de faltas foi o mesmo.
- O número de faltas no 7º _____ foi $\frac{1}{3}$ do número de faltas no 7º _____.
- O número total de faltas nas 4 classes foi _____.

c) Na semana posterior, aconteceram as seguintes mudanças em relação à semana anterior. A partir disso, indique as novas quantidades de faltas.

- 7º A: número diminuiu 3.
  _____
- 7º B: número diminuiu 7.
  _____
- 7º C: número aumentou 7.
  _____
- 7º D: número aumentou 1.
  _____

d) Calcule os valores e construa o gráfico de setores dessa semana.

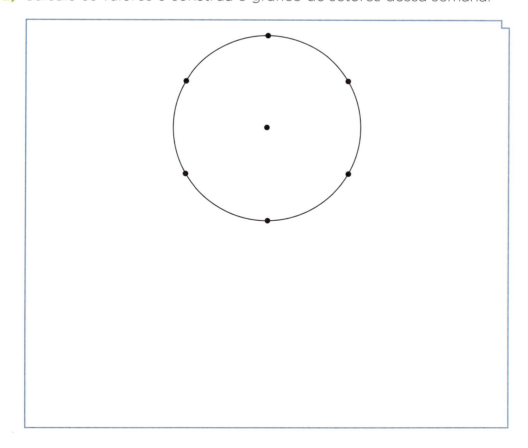

(EF07MA32)

COMPOSIÇÃO DE REGIÕES PLANAS E MEDIDAS DE ÁREA

Considere as regiões planas indicadas por A, B, C, D, E, F, G, H e I, cujas medidas de área são indicadas por A_A, A_B, A_C, ..., até A_I.

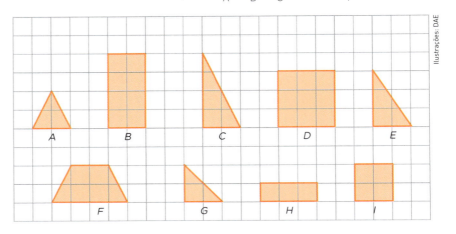

Considere, agora, mais estas regiões planas, indicadas por J, K, L e M, com respectivas medidas de área: A_J, A_K, A_L e A_M.

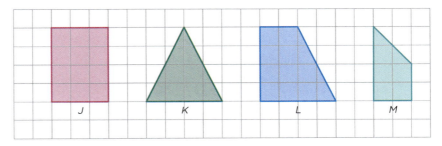

a) Utilizando as regiões planas citadas na primeira malha, complete as sentenças a seguir usando as áreas de duas figuras diferentes.

- A_J = _____ + _____
- A_K = _____ + _____
- A_L = _____ + _____
- A_M = _____ + _____

b) Agora, desenhe as regiões N e O na malha quadriculada a seguir.
- N, retangular, com $A_N = 2 \cdot A_E$.
- O, quadrada, com $A_O = A_H + 2 \cdot A_E$.

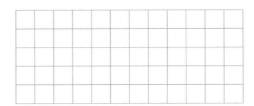

84

CÁLCULO MENTAL

NÃO EXISTE, EXISTE SÓ UM OU EXISTE MAIS DE UM?

Responda a essa questão em cada item a seguir. Quando existir só um, mostre qual é; quando existir mais do que 1, dê pelo menos dois exemplos.

Número racional como solução da equação $3x - 11 = 10$.

Número natural como solução da equação $3x = 7$.

Número racional como solução da equação $x^2 = 9$.

Fração que vale 3 inteiros.

Região quadrada com perímetro de 20 cm e área de 100 cm².

Número primo par.

Número ímpar que é divisor de 20.

Número que é divisor de 9 e de 35.

Número ímpar que é múltiplo de 8.

85

(EF07MA21)

TRANSLAÇÕES E REFLEXÕES

Em cada item, a primeira sequência é formada por **sucessivas translações**, e a segunda, **sucessivas reflexões axiais**.

Observe e complete cada sequência até o final da linha.

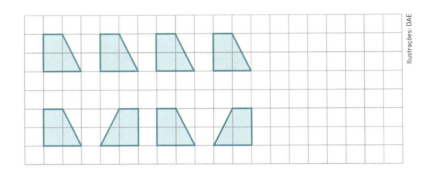

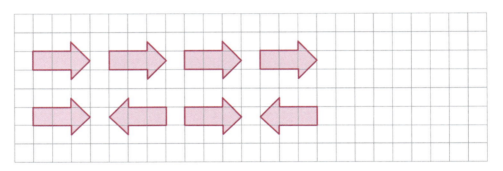

Neste item, crie uma figura inicial e, depois, complete as sequências com base na regularidade dos itens anteriores.

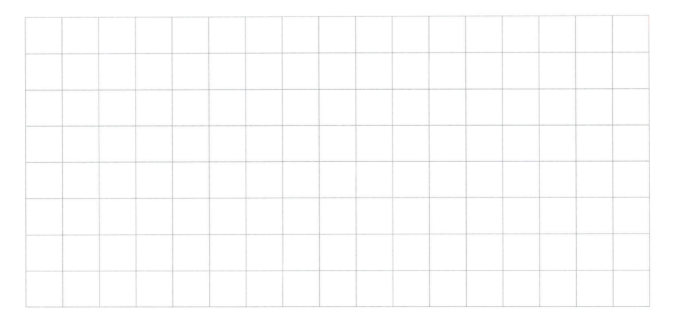

86

2, 3 OU 4 QUADRINHOS

VAMOS PINTAR?

Em cada item, pinte as caixas que atendam à informação dada. Podem ser 2, 3 ou 4 quadrinhos.

a) As operações com resultados iguais.

| 3,5 − 3 | 4 : 8 | (+1) : (−2) | 0,17 + 0,33 |

b) As regiões triangulares verdes que apresentam simetria axial.

  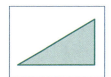 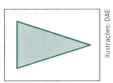

c) As medidas que correspondem à meia hora.

| 30 minutos | $\frac{1}{48}$ do dia | $\frac{1}{14}$ da semana | 1800 segundos |

d) As expressões de valor 10 para $x = -3$.

| $\frac{x + 23}{2}$ | $x^2 + x + 4$ | $2 \cdot (3x + 14)$ | $7 - x$ |

e) As operações que têm resultado inteiro.

| $4 \cdot 3{,}5$ | $\frac{2}{9} \cdot 4\frac{1}{2}$ | $-2{,}3 - 1{,}7$ | $3 : 6$ |

87

DEDUÇÕES LÓGICAS
VAMOS FAZER?

Em cada item, analise as afirmações feitas e, a partir delas, complete a conclusão.

a) x é um número natural entre 190 e 210.
x é um número ímpar.
x é múltiplo de 9.
Então $x =$ _____.

b) Se o dia 18/7 caiu em uma quinta-feira, então o mês de setembro desse mesmo ano teve _____ sábados.

c) Uma pirâmide tem 14 arestas e y indica o seu número de vértices.
Então $y =$ _____, e a base dessa pirâmide é uma região poligonal de _____ lados.

d) Sabe-se que $a + b = 5$ e que $2a - b = 13$.
Dessas afirmações podemos deduzir que $\frac{a}{2} + 2b =$ _____.

e) Se $w = 0{,}05$ m $+ 3{,}5$ dm $+ 125$ mm, então $w =$ _____ cm.

f) Para encher 4 vasilhas iguais, são necessários 3 litros de água. Então, para encher 6 dessas vasilhas, são necessários _____ litros de água.

g) Uma região retangular de 18 cm por 8 cm tem a mesma medida de área de uma região quadrada com lado de _____ cm.

É HORA DE
ELABORAR E RESOLVER PROBLEMAS!

EF07MA18

Observe as equações:

- $x + 2x + (x + 20) = 180$
- $x + (x + 2) + (x + 20) = 14$
- $x + (x + 2) + 20x = 180$
- $x + 2x + (x + 2) = 14$

Em cada item, siga as instruções a seguir:

- analise os valores dados;
- complete adequadamente o enunciado do problema;
- resolva-o usando a equação correta entre as dadas acima;
- e, ao final, escreva a sua resposta.

a) Em um _____, _____ mede o _____ de _____ e _____ mede _____ do que _____. Calcule as _____ de _____, _____ e _____.

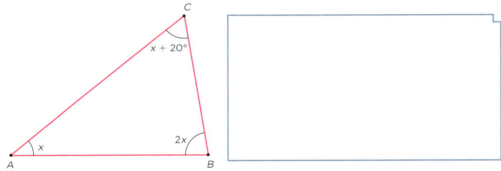

b) Em um _____, _____ mede o _____ de _____ e _____ mede _____ do que _____. Calcule as _____ de _____, _____ e _____, sabendo que a medida do _____ é _____.

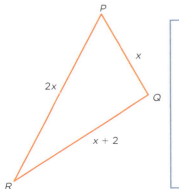

89

EF07MA21

ROTAÇÃO EM FAIXAS DECORATIVAS

Em cada faixa decorativa abaixo, cada uma das 7 peças, a partir da 2ª, é igual ao resultado da rotação da anterior, com centro no ponto assinalado com • sempre com o mesmo ângulo de rotação.

Complete cada faixa com as peças finais. Depois registre qual foi a medida de abertura do ângulo de rotação entre 0° e 360° no sentido horário.

Medida de abertura do ângulo de rotação no sentido horário: _____.

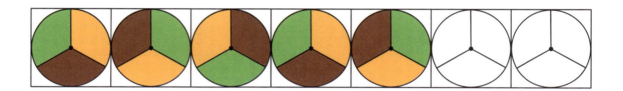

Medida de abertura do ângulo: _____.

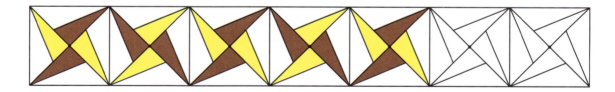

Medida de abertura do ângulo: _____.

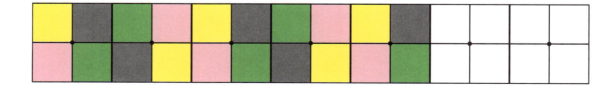

Medida de abertura do ângulo: _____.

DIAGRAMAS DE PALAVRAS E NÚMEROS

a) Analise o desenho do poliedro a seguir e complete os nomes com uma letra em cada quadrinho.

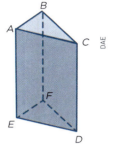

- O ponto B é um ☐☐☐☐☐☐☐

- O segmento de reta AC é uma ☐☐☐☐☐☐

- A região plana ACDE é uma ☐☐☐☐

- O poliedro é um exemplo de ☐☐☐☐☐☐

b) Complete os números que faltam nas operações colocando um algarismo em cada quadrinho.

- ☐☐☐☐ − 317 = 3 293

- 1 003 · 5 = ☐☐☐☐

- 11^2 = ☐☐☐

- 1 012 : 11 = ☐☐

- $(☐☐)^2$ = 4 900

- $(100 + 30)^2$ = ☐☐☐☐☐

- 100 − ☐☐ + 4 = 50

c) Coloque as palavras do item **a** no primeiro diagrama de palavras, e os números do item **b** no segundo.

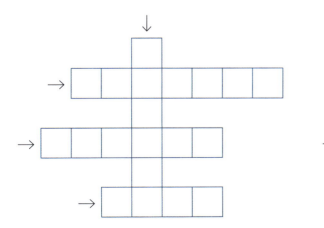
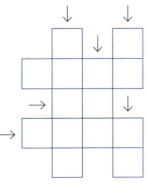

COMPARAÇÃO DE NÚMEROS EM SÓLIDOS GEOMÉTRICOS

1. Observe os sólidos geométricos (I), (II), (III), (IV) e (V) abaixo.
Registre, em cada um, o número de vértices (V), de faces (F) e de arestas (A).

I

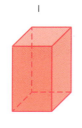

II

III

IV

V

V = _____
F = _____
A = _____

V = _____
F = _____
A = _____

V = _____
F = _____
A = _____

V = _____
F = _____
A = _____

V = _____
F = _____
A = _____

2. Agora, compare os valores registrados acima e complete.

   a) O número de arestas de (IV) é igual ao número de vértices de ☐.
   (_____ = _____)

   b) O número de faces de (II) é $\frac{2}{5}$ do número de vértices de ☐
   (_____ = $\frac{2}{5}$ de _____).

   c) O número de faces de (I) é 40% do número de arestas de ☐
   (_____ = 40% de _____).

   d) São iguais: número de arestas de ☐, número de vértices de ☐ e número de faces de ☐ (_____ = _____ = _____).

   e) O número de arestas de (II) é _____% do número de arestas de (IV)
   _____ = = = _____ (_____ = _____% de _____).

   f) O número de faces é $\frac{2}{3}$ do número de arestas no sólido ☐
   (_____ = $\frac{2}{3}$ de _____).

OBSERVAR E REGISTRAR

Em cada atividade, observe o que é dado e registre o que é indicado.

1. Triângulos A, B, C e D.

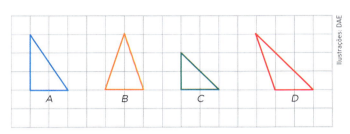

a) Não é triângulo isósceles e não é triângulo retângulo: ☐

b) É triângulo isósceles e não é triângulo retângulo: ☐

c) Não é triângulo isósceles e é triângulo retângulo: ☐

d) É triângulo isósceles e é triângulo retângulo: ☐

2. Observe as regiões planas I, II, II e IV.

Registre as medidas P de perímetro e A de área em cada uma.

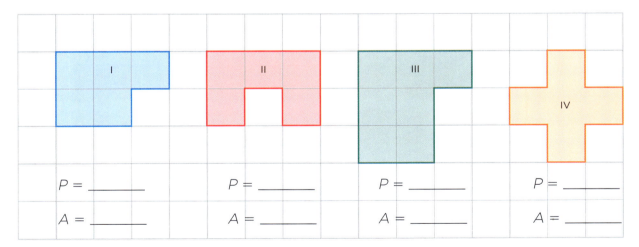

a) Medidas de perímetro iguais e de área diferentes: II e _____.

b) Medidas de perímetro diferentes e de área iguais: II e _____.

c) Medidas de perímetro diferentes e de área diferentes: _____ e _____.

d) Medidas de perímetro iguais e de área iguais: _____ e _____.

EF07MA35

MÉDIA ARITMÉTICA

VAMOS USAR?

1. O gráfico abaixo mostra a venda de livros em uma livraria de segunda-feira a sábado de determinada semana.

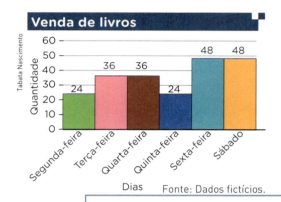

Calcule e indique a média de livros vendidos por dia nos seguintes períodos.

a) De segunda-feira a quarta-feira: _____ livros por dia.

d) De terça-feira a sexta-feira: _____ livros por dia.

c) De segunda-feira a sábado: _____ livros por dia.

2. Pedro, Marisa e Laura vão repartir as notas a seguir, de modo que todos fiquem com a mesma quantia em reais.

Pedro ficará com 3 notas, Marisa com 4 notas e Laura com 5 notas.

a) Calcule e indique a quantia que cada um vai ficar. _____

b) Registre uma divisão das notas de acordo com o enunciado do problema.

Pedro:

Marisa:

Laura:

 **DESAFIO** O QUADRO COM NÚMEROS RACIONAIS `EF07MA12`

Observe o quadro abaixo. Ele deve ser preenchido com as peças e as instruções que virão em seguida a ele.

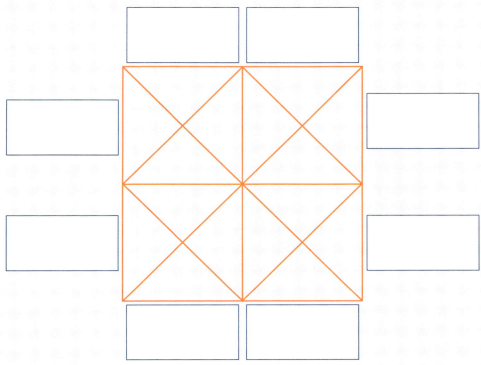

Instruções:

1. Copie as 4 peças a seguir no quadro, de modo que os números em triângulos opostos, de peças diferentes, sejam iguais na disposição ◇ ou ◇.

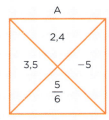 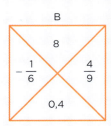 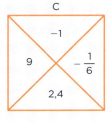 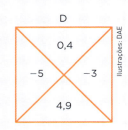

2. Copie as peças a seguir no quadro, de modo que as operações contidas neles fiquem de frente para seus resultados.

$3 \cdot (-1) =$ _____

$\dfrac{1}{2} + \dfrac{1}{3} =$ _____

$3^2 =$ _____

$6{,}1 - 1{,}2 =$ _____

$2^3 =$ _____

$-3 + 2 =$ _____

$\left(\dfrac{2}{3}\right)^2 =$ _____

$7 : 2 =$ _____

REPRODUÇÃO DE PAINÉIS E SIMETRIA AXIAL

Observe os painéis desenhados em malha quadriculada. Um deles não apresenta simetria axial, enquanto um apresenta em relação a um só eixo (*e*) e o outro em relação aos dois eixos (e_1 e e_2).

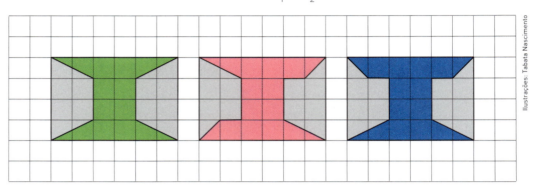

a) Use o quadriculado abaixo e reproduza os dois painéis que apresentam simetria axial. No primeiro, trace o único eixo (*e*) e, no segundo, trace os dois eixos (e_1 e e_2).

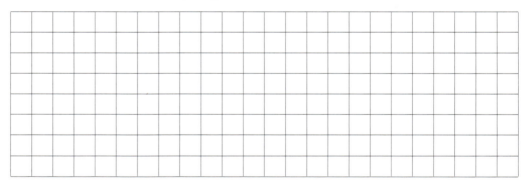

b) No quadriculado abaixo, reproduza, à esquerda de eixo e_3, o painel que não apresenta simetria axial. Em seguida, construa o simétrico desse painel em relação ao eixo e_3 dado.

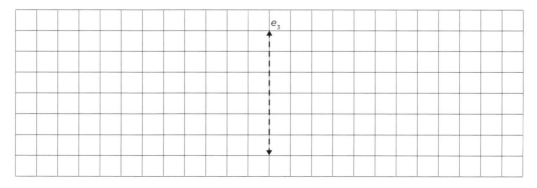

EXISTE OU NÃO EXISTE?

Para cada item a seguir, responda se existe ou não existe o que é perguntado. No caso de existir, dê um ou mais exemplos com números, medidas ou figuras.

a) Existe triângulo com lados de 10 cm, 6 cm e 4 cm?

b) Existe número racional entre 5 e 6?

c) Existe triângulo retângulo e isósceles?

d) Existe quadrado com medida de perímetro igual a 9 cm?

97

e)

Existe pirâmide com 5 faces e 4 vértices?

f)

Existe valor para x, de modo que a expressão $2x + 5$ tenha valor numérico 4?

g)

Existe múltiplo de 6 que é número ímpar?

PROCURAR E INDICAR

1. Pinte os quadradinhos que têm um número primo divisor de 29 946.

19		23		31

| 21 | | 29 |

2. Assinale com x os quadradinhos que têm expressões numéricas de mesmo valor, quando $x = -1$.

☐ $x^2 - 3x - 4$ ☐ $-x^2 + x$

☐ $3\left(x + \dfrac{1}{3}\right)$ ☐ $x^3 - x^2 + x - 1$

3. Ligue os quadradinhos que têm medidas de mesmo valor.

| 12,85 cm | | 128,5 mm |
| 1285 m | | 1285 km |

4. Assinale com x as regiões planas que têm a mesma medida de perímetro e a mesma medida de área.

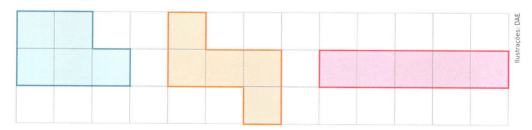

P = _____   P = _____   P = _____
A = _____   A = _____   A = _____

5. Ligue os dois quadrinhos que têm equações com soluções (raízes) iguais.

| $2x + 9 = x + 1$ | | $\dfrac{x}{2} + \dfrac{x}{4} = 6$ |

| $3(-x + 8) = 0$ | | $x = \dfrac{x}{9} + \dfrac{1}{9}$ |

ELABORAR E RESOLVER PROBLEMAS!

1. Use quatro dos seis números abaixo e complete as afirmações que vêm em seguida.

- 4 000
- 2 120
- 1 038
- 3 500
- 2 210
- 1 083

a) Um reservatório precisa de 1 380 litros de água para ficar cheio, pois ele tem capacidade para _____ litros e está no momento com _____ litros.

b) Um estádio tem assentos para _____ espectadores e, em um jogo, foram ocupados 2 917. Então _____ assentos ficaram vagos.

2. Em um jogo, as fichas são compostas de todas as combinações de três tipos de elementos:

- fichas com a cor azul ou amarela;
- com os números 1, 2 ou 3 na parte de cima da ficha;
- com uma vogal na parte de baixo da ficha.

Observe dois exemplos de fichas ao lado:

Considerando as combinações possíveis, complete os itens a seguir.

a) Total de fichas de jogo: _____.

b) Fichas com a letra U: _____.

c) Fichas com a cor azul e o número 3: _____.

100

3. Agora, preencha as três primeiras lacunas do enunciado a seguir utilizando novas quantidades para cores, números e letras, completando as lacunas restantes conforme os valores indicados.

Se fossem _____ cores, _____ números e _____ letras, o total de fichas seria _____, pois _____ · _____ · _____ = _____.

COMPARAÇÕES: DIFERENÇAS E ANALOGIAS

1. **Múltiplo** e **divisor** de um número natural.
   a) Escreva as sequências:
   - Dos múltiplos de 12 → _____
   - Dos divisores de 12 → _____

   b) Que número é, ao mesmo tempo, múltiplo e divisor de um número natural x, diferente de zero? _____
   - Dê um exemplo: _____

2. Par ordenado (a, b) e par ordenado (b, a).
   a) Marque os pontos no plano cartesiano ao lado A(1, 3), B(3, 1), C(−2, 0) e D(0, −2).
   b) Em que casos temos (a, b) = (b, a)?
   _____

3. Metro (m), metro quadrado (m²) e metro cúbico (m³).
   Considere um reservatório cúbico com arestas de 3 m e registre as medidas abaixo.

   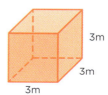

   a) Medida do perímetro de cada face:

   P = _____.

   b) Medida da área de cada face: A = _____.

   c) Medida do volume do reservatório: V = _____.

101

DESAFIO "POLÍGONOS NUMÉRICOS"

1. Preencha as circunferências com os números naturais de 1 a 6, de modo que a soma dos números em todos os lados do "triângulo numérico" seja **a mesma**.

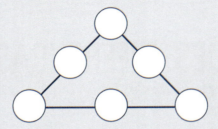

Complete: a soma em cada lado é ☐.

2. Preencha as circunferências com os números naturais de 1 a 10, de modo que a soma dos números em todos os lados do "retângulo numérico" seja **18**.

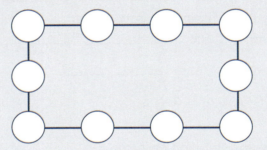

3. Preencha as circunferências com os números naturais de 1 a 10, de modo que a soma dos números em todos os lados do "pentágono numérico" seja **14**.

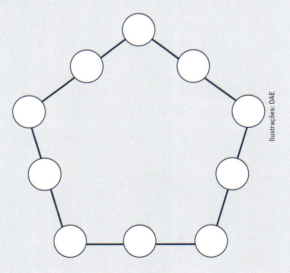

ANALISAR E JUSTIFICAR

Em cada atividade abaixo, assinale a alternativa que não apresenta um padrão ou uma regularidade que as outras três alternativas possuem.

Analise, descubra e descreva qual é o padrão em cada caso.

1. Anagramas de palavras da Geometria.

    ☐ DAURQAOD   ☐ IRÂNUGTOL

    ☐ FAERSE   ☐ EOHÁOGXN

    Justificativa: _____.
    _____

2. O número de baixo é obtido a partir do número de cima.

    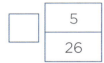

    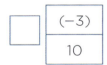

    Justificativa: _____.
    _____

3. Sequências de números naturais.

    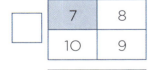

    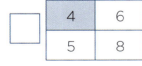   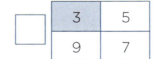

    Justificativa: _____
    _____
    _____
    _____

QUADRADOS MÁGICOS

Em um quadrado mágico, a soma dos números em todas as linhas, colunas e diagonais deve ser a mesma. Esse valor é a chamada **Soma mágica**.

	↓	↓	↓	
→	7	12	5	
→	6	8	10	
→	11	4	9	

Este é um exemplo de quadrado mágico.

Sua soma mágica é 24.

1. Construa todos os quadrados mágicos possíveis com os números naturais de 1 a 9 (são 8 quadrados no total).

   Complete: Em todos eles, a soma mágica é _____.

2. Coloque os números naturais de 1 a 16 no quadrado mágico a seguir.

   Complete: Nele, a soma mágica é _____.

4			16
	7	11	
		6	
1	12		13

104

REGULARIDADE

UMA SEQUÊNCIA E VÁRIAS REGULARIDADES

A professora de Paula apresentou uma sequência de números para a classe e pediu que os estudantes descobrissem uma regularidade em cada uma delas e, de acordo com ela, completassem as sequências com um dos números da seleção a seguir.

| 6 394 186 | 809 | 5 040 | 86 095 | 390 160 |

Em cada item, veja o que cada estudante observou nas sequências fornecidas pela professora e complete com um dos números da seleção acima, mantendo a regularidade.

a) Paula observou o algarismo das unidades nos números.

| 19 |, | 529 |, | 2 839 |, | 30 049 |, | 631 759 | e | |

b) Alex observou a quantidade de algarismos nos números.

| 19 |, | 529 |, | 2 839 |, | 30 049 |, | 631 759 | e | |

c) Mara observou o algarismo das dezenas nos números.

| 19 |, | 529 |, | 2 839 |, | 30 049 |, | 631 759 | e | |

d) Raul observou o resto na divisão dos números por 3.

| 19 |, | 529 |, | 2 839 |, | 30 049 |, | 631 759 | e | |

Agora, responda junto com seus colegas à questão a seguir. Justifiquem a resposta.

Dos números apresentados nos quadros amarelos, qual não foi usado em nenhuma sequência? Por quê?

EM GRUPO

_____

_____

_____

_____

_____

_____

CÓDIGOS: DECIFRAR E APLICAR

1. Analise o código que Marcelo inventou pelos exemplos abaixo. Para cada algarismo, um símbolo.

a) Escreva o símbolo correspondente a cada algarismo.

0	1	2	3	4	5	6	7	8	9

b) Dê o resultado de cada operação com os símbolos do código de Marcelo.

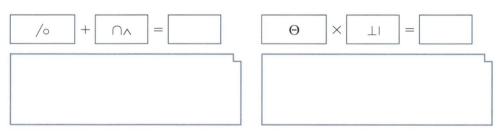

2. Nesta atividade, cada letra indica um algarismo diferente.

Descubra o valor de cada algarismo e complete os resultados das operações indicadas.

Se $ABC + ABC = 1146$, então

$C \cdot AB =$ _____

$A^C =$ _____

$BCA : C =$ _____

DESAFIO — AS PEÇAS DO TANGRAM

Estas são as peças do Tangram. Observe a forma, o tamanho e a cor de cada uma.

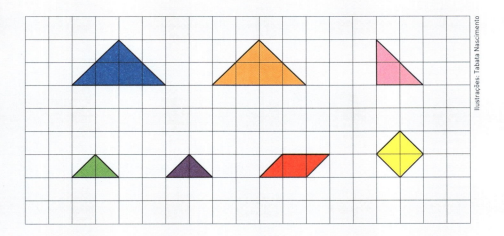

1. Monte as peças da mesma forma e do mesmo tamanho que a peça azul usando 3 das demais peças. Veja uma possibilidade já feita e desenhe mais duas.

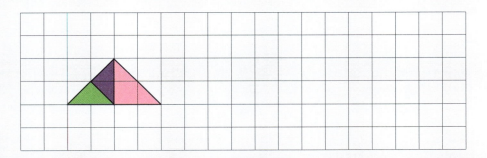

2. Monte e desenhe regiões planas quadradas formadas com 3 peças, com 4 peças e com as 7 peças.

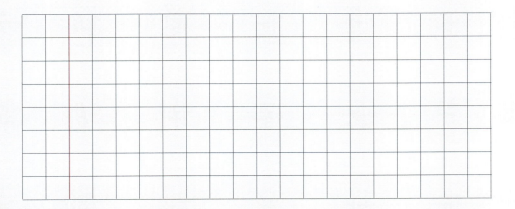

DEDUÇÕES LÓGICAS
VAMOS FAZER?

1. Uma pessoa tem uma balança de pratos e 5 esferas de metal, 4 delas com massas iguais e uma mais pesada que as demais.

Como ela deve fazer para, com no máximo duas pesagens, descobrir qual é a esfera mais pesada? Descreva no espaço a seguir.

2. Disso  para isso .

Coloque 10 moedas, botões ou fichas circulares na posição indicada abaixo. Cada uma está indicada com uma letra.

Mudando apenas 3 peças de lugar, inverta a posição do "triângulo". Desenhe no espaço como vai ficar a disposição das peças, indicando-as com as respectivas letras.

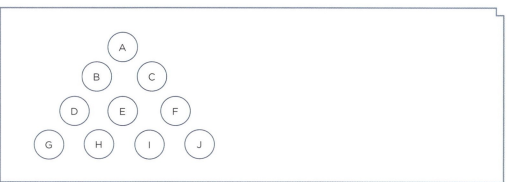

GABARITO

RESPOSTAS DE ALGUMAS ATIVIDADES

PÁGINA 8
1.
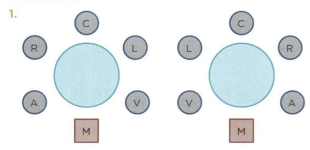

2. Possível resposta: Pedro e Lauro atravessam juntos, pois 75 + 80 < 160; Pedro atravessa de volta e Lauro fica; Nino atravessa sozinho, pois 90 < 160; Lauro atravessa de volta; Pedro e Lauro atravessam juntos.

PÁGINA 11
1. 23 − 15; 19 − 11; 28 − 20; 12 − 4; 15 − 7 e 20 − 12
2.

3. $1^3 − 5 = −4$; $3^5 − 1 = 242$; $1^5 − 3 = −2$; $5^1 − 3 = 2$; $3^1 − 5 = −2$; $5^3 − 1 = 124$

PÁGINAS 21 E 22
1. a) X   b) X

Em ⬜ nenhuma.
2. a) −2 e 3   b) Só o 1.

PÁGINA 36
1. V = VIII − III.
2. a) 168 : 12 = 8 + 6
   b) −5 − (+7) = (+4) · (−3)
   c) 2,4 · 3 = 1,2 + 6
   d) $\dfrac{4}{5} \cdot \dfrac{2}{3} = \dfrac{1}{5} : \dfrac{3}{8}$

PÁGINA 39 E 40
1. R$ 30,00.
2. R$ 14,80 e R$ 5,20.
3. 250 L
4. Resposta pessoal.

PÁGINA 42
1. 21/2/2020 (sexta-feira); 1/3/2020 (domingo); 30/1/2020 (quinta-feira); 1/3/2021 (sábado)
2.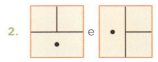
3. a) 6 cédulas (20 + 5 + 8)
   b) 15 cédulas (5 + 28)
   c) 9 cédulas (25 + 8)

PÁGINAS 50 E 51
1. $\dfrac{1}{6}$ do bolo
2. $2\dfrac{1}{2}$ L de leite
3. 33,3 m
4. −2 °C

PÁGINA 57
1.
| 3 | 1 | 2 | 0 | 2 | 8 |
| 1 | 3 | 0 | 2 | 3 | 9 |

Vencedor: Rogério.

2. a) triângulo
   b) 4ª
   c) 5ª
   d) Mauro e 1ª
   e) 3ª

PÁGINA 63
a) x = 60° e y = 120°
b) x = 90° e y = 90°
c) x = 45° e y = 135°
d) x = 120° e y = 60°
e) x = 80° e y = 100°

PÁGINA 66
1. a) Soma: 39.
   c)  Soma: 13.
   b) Soma: 26.

2. **a)** 11h15min – 12h30min ou 0h30min – 2h50min
   b) 4h40min – 5h55min – 8h15min

PÁGINAS 67 E 68
2. **a)** R$ 33,00 e R$ 28,50.
   b) 32 100
3. R$ 300,00, R$ 75,00 e R$ 105,00.

PÁGINAS 68 E 69
1. 80°
2. $\hat{B}$: 60° e $\hat{C}$: 40°.
3. Comprimento: 18 m; largura: 8 m.

PÁGINA 78
1. 1 hora e 12 minutos
2. **a)**

   b) Possível regularidade: reflexão axial.

PÁGINA 79
1. 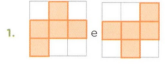 e

2.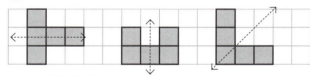

3.

PÁGINA 80
3. Y ficará cheio e X não ficará vazio.

PÁGINA 81
1. **a)** 44 m³   **b)** 292 cm³
2. 15 cm³
3. **a)** 4 placas
   b) 200 cm³
   c) 1 000 cm³

PÁGINA 94
1. **a)** 32   **b)** 36   **c)** 36

2. **a)** R$ 155,00.
   b) Pedro (R$ 100,00, R$ 50,00 e R$ 5,00); Marisa (R$ 50,00, R$ 50,00, R$ 50,00 e R$ 5,00); Laura (R$ 100,00, R$ 20,00, R$ 20,00, R$ 10,00 e R$ 5,00).

PÁGINA 102
1. Possível resposta:

2. Possível resposta:

3. Possível resposta:

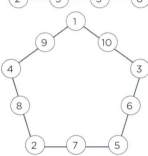

PÁGINA 105
a) 809   **c)** 390 160
b) 6 394 186   **d)** 6 040

PÁGINA 107
1.

2.

PÁGINA 108
1. Possível resposta: Colocar 1 esfera em cada prato. Se eles não ficarem equilibrados, já é possível descobrir qual é a esfera mais pesada. Se ficarem equilibrados, tirar as duas esferas e colocar duas das três restantes. Se os pratos não ficarem equilibrados, podemos saber qual é mais pesada. Se ficarem equilibrados, a esfera que sobrou é a mais pesada.
2. Possível resposta:

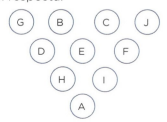

REFERÊNCIAS

BOALER, J. *O que a matemática tem a ver com isso?* Porto Alegre: Penso, 2019.

BRASIL. Ministério da Educação. *Base Nacional Comum Curricular.* Brasília, DF: MEC, 2018.

BRASIL. Ministério da Educação. *Parâmetros Curriculares Nacionais*: Matemática. Brasília, DF: MEC, 1997.

CARRAHER, T. N. (org.). *Aprender pensando.* 19. ed. Petrópolis: Vozes, 2008.

DANTE, L. R. *Formulação e resolução de problemas de matemática*: teoria e prática. São Paulo: Ática, 2015.

DEWEY, J. *Como pensamos.* 2. ed. São Paulo: Nacional, 1953.

KOTHE, S. *Pensar é divertido.* São Paulo: EPU, 1970.

KRULIK, S.; REYS, R. E. (org.). *A resolução de problemas na matemática escolar.* São Paulo: Atual, 1998.

POLYA, G. *A arte de resolver problemas.* Rio de Janeiro: Interciência, 1995.

PORTUGAL. Ministério da Educação. Instituto de Inovação Educacional. *Normas para o currículo e a avaliação em matemática escolar.* Lisboa: IIE, 1991. Tradução portuguesa dos Standards do National Council of Teachers of Mathematics.

POZO, J. I. (org.). *A solução de problemas*: aprender a resolver, resolver para aprender. Porto Alegre: Artmed, 1998.

RATHS, L. *Ensinar a pensar.* São Paulo: EPU, 1977.

SCHOENFELD, A. Heuristics in the classroom. *In*: KRULIK, S.; REYES, R. E. *Problem solving in school mathematics.* Reston: National Council of Teachers of Matethematics, 1980.